Alpenblumen

Text: Edeltraud Danesch

Fotos: Othmar Danesch

RHEINGAUER VERLAGSGESELLSCHAFT

ELTVILLE AM RHEIN

Berechtigte Lizenzausgabe:
Rheingauer Verlagsgesellschaft mbH,
Eltville am Rhein, 1978
Der Verkauf in der Schweiz und
im Fürstentum Liechtenstein ist untersagt
Grafische Gestaltung: Rolf Handschin
Reproduktionen: Ast & Jakob, Köniz
Gesamtherstellung: »Jugoslavija«, Belgrad/
GZH, Zagreb, Jugoslawien
ISBN 3 88102 019 5

INHALTSVERZEICHNIS

1 Frühlings-Krokus (Crocus albiflorus),
Familie: Schwertliliengewächse (Iridaceae)
Text: Seite 124

VORWORT

Über Alpenblumen gibt es bereits eine ganze Reihe von Büchern, umfangreiche wissenschaftliche Werke und schmale Bändchen, die nur eine bestimmte Auswahl vorstellen. Es ist viel und sehr verschieden über unsere Alpenblumen geschrieben worden, sie wurden gezeichnet, gemalt und fotografiert. Ist es dann überhaupt noch sinnvoll, ein Alpenblumenbuch zu gestalten? Jedes der vorhandenen Bücher hat seine besondere Aufgabe und erfüllt sie auf seine spezielle Weise. Man kann dasselbe Thema von den verschiedensten Standpunkten her beleuchten; jede Sicht wird etwas Neues erschließen. Je umfangreicher das Thema an sich ist, desto lohnender wird auch sein, es von vielen Seiten her einzukreisen und aufzuschließen.
Auch das vorliegende Buch hat seine spezielle Aufgabe zu erfüllen. Vor allem soll es die Lebendigkeit unserer Alpenblumen vor Augen führen. Es liegt uns daran, den Blick zu schärfen für das vielfach verwobene Wechselspiel zwischen dem pflanzlichen Lebewesen und seiner näheren und weiteren Umgebung. Darüber hinaus wollen wir in diesem Buch von der Freude mitteilen, die uns aus der Beschäftigung mit den Alpenblumen erwuchs, um den anderen, der vielleicht als Bergwanderer gewohnt war, den Blick mehr in die Ferne als in die Nähe zu wenden, anzuregen, nun auch seinerseits die vielfache Schönheit unserer Alpenflora zu entdecken. Zwanglos ergeben sich aus diesen gestellten Aufgaben auch die Grenzen des Buches. Im angedeuteten Rahmen werden möglichst viele unserer Alpenblumen zur Sprache kommen, man muß sich jedoch darüber im klaren sein, daß keineswegs alle Blütenpflanzen der Alpen auch nur aufgeführt werden können. Es liegt weder in der Art noch im Format des vorliegenden Buches, ein reines Bestimmungsbuch zu sein.
Text- und Bildteil ergänzen einander. Im Interesse der Übersichtlichkeit haben wir die im Bild dargestellten Pflanzen auf die übliche Weise zu systematischen Gruppen zusammengefaßt und diese, soweit es sich zwanglos durchführen ließ, nach dem Rhythmus der Blütezeiten geordnet.

Die Verfasser

WIR UND DIE ALPENBLUMEN

Alpenblumen strahlen etwas Eigenartiges aus. Um dies zu spüren, muß man kein Dichter, kein Künstler sein; wer sich noch seine Aufgeschlossenheit gegenüber der Natur bewahrt hat, wird es bemerken. Selbst Wissenschaftler, denen man allgemein eher extreme Sachlichkeit, als Neigung zu großer Empfindsamkeit nachsagt, bilden hierin keine Ausnahme.
Mancher hat sich mit diesem offensichtlichen «Zauber» der Alpenblumen beschäftigt, und mancher ist über ihn ins uferlose Schwärmen geraten. Über die Faszination, die von diesen Blütenpflanzen ausgeht, haben wir auch oft nachgedacht. Das ergibt sich, wenn man, müde vom Klettern, sich für eine Weile auf einen Stein gesetzt hat, blühenden Himmelsherold neben sich oder die starke Röte der Alpenrosen. An Ort und Stelle kommt man dem Eigenartigen auch am ehesten auf die Spur.
Unsere Alpenpflanzen sind Ausdrücke einer sehr klaren und herben, einer abgesetzten Welt. In ihnen konzentriert sich das Pflanzenhafte in einem ganz besonderen Maß. Wer durch ihre Lebenswelt wandert, ist entfernt von seinem eigenen Alltag, von Sorgen und Hast. Vielleicht treibt eben dieses Erlebnis unbewußt viele Menschen immer wieder in die Berge? Wir kennen alle das jedesmal neue Staunen über die Entferntheit und Kleinheit menschlicher Siedlungen, wenn sich uns bei Bergwanderungen ein Ausblick öffnet. Wir sind losgelöst, offen für das andere, für die unaufdringlich stille aber kraftvolle Welt der Berge, die uns hier umgibt. Unbewußt sind wir bereit, Eindrücke aufzunehmen, die uns unten, in unserer gewohnten Welt, nicht erreichen könnten. Es ist nicht verwunderlich, daß im Gebirge Natur und Mensch einander zwangloser, intensiver und natürlicher begegnen können als im Bannkreis des heute normalen menschlichen Alltags.
Die Faszination durch unsere Alpenblumen – oder wie immer wir es ausdrücken wollen – mag an beidem liegen: an der starken Eigenart der Blumen selbst und an uns, die wir ihnen in ihrer Welt mehr Aufgeschlossenheit entgegenzubringen vermögen, als in der durch uns selbst geprägten.

2 Echtes Alpenglöckchen (Soldanella alpina)
Familie: Primelgewächse (Primulaceae)
Text: Seite 59

3 Kleines Alpenglöckchen (Soldanella pusilla)
Familie: Primelgewächse (Primulaceae)
Text: Seite 58

Indessen, die Zuwendung zu unseren Alpenblumen zeigt sich auf eine sehr vielfältige Weise.

Im vergangenen Sommer entdeckten wir in knapp 2000 m Höhe neben einer Paßstraße einen Berghang, an dem neben Enzianen, mehreren Steinbrecharten, Wundklee und Thymian auch Edelweiß blühte. Über jedes Edelweiß freut man sich wie ein Kind am Weihnachtsabend, mehr oder weniger ergeht es jedem ähnlich. Wir zählten über hundert blühende Sterne. Sie standen in kleineren und größeren Gruppen beisammen.

Es ergab sich, daß wir mehrere Tage in jener Gegend zu tun hatten, die Hänge erwiesen sich als ein kleines Paradies der Alpenflora. Während wir die Höhen durchforschten, fotografierten und notierten, fuhren tief unten spielzeugklein die Autos über die Straße, so fern, daß man sie nur mehr sah, kaum hörte. In diese Zeit fiel ein Wochenende, ein paar Grüppchen Bergsteiger kamen an uns vorbei, und ab und zu waren unten neben der Straße Autos geparkt. Die Tage waren sonnig und der Verkehr recht rege. Ehe wir die Gegend für diesmal verließen, wollten wir noch einmal nach

den hundert Edelweißsternen sehen. In der Zwischenzeit waren wohl noch weitere aufgeblüht.
Wir fanden noch vierzehn Sterne. – Und Eischalen und Papier. Seither vermeiden wir, an Orte zurückzukehren, die etwas besonders Schönes an uns verschenkt haben.
Ähnlich erging es uns mit rotem «Bränderli», das sich eben anschickte, seine Knospen zu öffnen. In vier Tagen werden wir wiederkommen, sagten wir, dann würden die seltenen Pflänzchen in Hochblüte stehen. Ein Wochenende lag dazwischen. Montags waren die Blüten spurlos verschwunden. Ich kann mir nicht denken, daß es für Menschen, die Berge und Alpenblumen im eingangs angeführten Sinne aufsuchen, unumgänglich nötig wäre, als Erinnerung an ihre Erlebnisse Edelweiß oder einen Strauß Alpenblumen mit heimzunehmen. Mehr oder weniger heimlich, denn sie wissen, daß unsere schönste Alpenflora unter Naturschutz steht. Vielleicht wird der eine oder andere es einmal tun, verleitet von einem falschgeführten Drang des Besitzenwollens. Schönes besitzen zu wollen, ist durchaus verständlich. Nur kann man den Begriff «Besitz» sehr unterschiedlich auffassen. Meines Erachtens ist mein Erlebnis mir wesentlich mehr Besitz, als ein halbverwelkter Blumenstrauß, der sich noch dazu daheim gar nicht mehr so prächtig ausnimmt, wie die einzelnen Enziane und Männertreu dort anzusehen waren, wo ich sie weggepflückt habe. Zweifellos wirken in unseren Stadt- und auch in unseren Landwohnungen Schnittblumen aus dem Garten viel erfreulicher. Vielleicht, ich sagte es schon, wird der eine oder andere trotz seines Bergerlebnisses doch auch jenen Alpenblumenstrauß mit nach Hause nehmen. Vielleicht wird er es sogar mehrmals tun, bis er sich schließlich seiner Unbezähmbarkeit zu schämen beginnt und begreifen lernt, daß er nach dem Billigen gegriffen hat, statt sich das Kostbare zum Besitz zu machen. Immerhin, «er hat gesündigt, um weise zu werden».
Wesentlich unerfreulicher sind jene Menschenmassen, die sonntags oder zur Ferienzeit beiderseits der Paßstraße ausschwärmen und glauben, alles mitnehmen zu müssen, was für sie erreichbar ist. Oft frage ich mich, ob sie es

5 Klebrige Primel (Primula viscosa)
Familie: Primelgewächse (Primulaceae)
Text: Seite 38

6 Ganzblättrige Primel (Primula integrifolia)
Familie: Primelgewächse (Primulaceae)
Text: Seite 39

7 Aurikel (Primula auricula)
Familie: Primelgewächse (Primulaceae)
Text: Seite 37

8 Mehlprimel (Primula farinosa),
Familie: Primelgewächse (Primulaceae)
Text: Seite 117

9 Weiße Pestwurz (Petasites albus)
Familie: Korbblütler (Compositae)
Text: Seite 99

auch täten, wüßten sie, welch ein armes Zeugnis sie dadurch sich selbst ausstellen. Äußern sie doch nicht nur Unbeherrschtheit, sondern sie stellen darüber hinaus unter Beweis, daß ihnen der Sinn für Schönheit fehlt; genau dieser, dem sie in ihrer Hemmungslosigkeit zu folgen vermeinen. Aber wahrscheinlich ist ihnen gleichgültig, daß und wie sie ihre inneren Defekte zur Schau stellen. Ich bin mir auch bewußt, daß ich sie mit diesen Zeilen nicht erreiche, weil sie dieses Buch kaum in die Hände nehmen werden. Oberflächlichen und haltlosen Schwärmern geht es ja kaum je um die Sache, mit der sie sich augenblicklich beschäftigen, sondern um die Befriedigung selbstsüchtiger Wünsche. Wenn ich dennoch über unsere diesbezüglichen Erfahrungen geschrieben habe, dann in der Hoffnung, vielleicht einigen wenigen, die bisher dieser Sitte selbst gedankenlos folgten, einen Anstoß anzubieten, ihre eigenen Handlungsweisen zu überprüfen. Wir haben das Glück, in einem Land leben zu dürfen, das reich an Schönheiten ist. Ich glaube nicht, daß man vom Schicksal Geschenke nur bekommt, um sie zu haben. Mit jedem Geschenk wird uns eine Möglichkeit geboten, und es liegt an jedem einzelnen, sie richtig zu nützen. Ich glaube auch nicht an den Schutz, den die Anonymität zu verleihen scheint. Er existiert ebensowenig, wie es einen blinden Zufall gibt.

DIE LEBENSBEDINGUNGEN DER ALPENPFLANZEN

Wenn wir unsere Alpenflora mehr als nur oberflächlich kennenlernen wollen, wenn uns daran liegt, ihre Eigenarten zu verstehen, müssen wir uns auch mit der Welt, in der sie daheim ist, beschäftigen. Es ist selbstverständlich, daß wir den Pflanzen mit einem ganz anderen Verständnis gegenüberstehen, wenn wir ihre Verhältnisse kennen, die Schwierigkeiten und Härten sowie die Hilfen, die ihnen aus ihrer Umwelt entgegenkommen, und wenn wir erfahren, auf welche Weise die Pflanzen ihrerseits in der Lage sind, auf eben diese Gegebenheiten zu reagieren.

Zweifellos stellt das Klima unserer Alpen allgemein harte Anforderungen an alle Lebewesen. Jedem Gebirgswanderer sind zum Beispiel die starken Temperaturschwankungen bekannt, die in den größeren Höhen herrschen. Tagsüber bewirkt die intensive Sonnenbestrahlung eine oft außerordentliche Erwärmung, wobei der Boden meist noch wesentlich stärker erwärmt wird als die Luft. Nach Sonnenuntergang sinkt die Temperatur sehr rasch ab, denn die dünne Höhenluft setzt der ausstrahlenden Wärme nur geringen Widerstand entgegen, sie läßt sie entweichen.

Nicht weniger auffallend ist der Wind in den Alpen. In jedem Gebirgsmassiv hat er seine bevorzugten Rennstrecken, dort bügelt er an seinen besonders wilden Tagen die kurzen Halme und Stengel so hart an den Boden, daß man trotz anderslautender Erfahrungen mitunter tatsächlich bezweifelt, ob die kleinen Pflanzen diesmal nicht doch in alle Bestandteile zerfegt werden. Wer die Berge ein wenig kennt, weiß auch um das plötzliche Hervorbrechen des Windes. Unvermutet kann er sich dem Wanderer entgegenstellen wie eine kompakte Wand, gegen die man fast wehrlos ist. Nicht daran zu denken, daß in solchen Regionen ein Baum, auch nur ein Strauch oder selbst ein längerer Blütenstengel die Chance hätte, hochzukommen. Dort gibt der Sturm die Maße mit an.

Oft fegen mitten im Bergfrühling Wolken heran, Gipfel stecken in dickem, kaltem Nebel, Sturm fegt über das Gestein, fährt über die Grate, orgelt, heult und tost und zaust die Blütenbüschel des Gletscher-Hahnenfußes, der als einziger in dieser Einöde zu blühen scheint. Wir stolpern bergab, halb blind durch die kalte Nässe, die der Sturm peitscht. Regen löst sich, Tropfen fahren fast waagerecht über Fels und Gletscher-Hahnenfuß. Aus Tropfen werden Eiskörnchen, abertausend kleine, scharfe Geschosse. Neben dem Fuß des Wanderers ist eine Fläche kleiner Blüten über die Steine gegossen, rosa und weiß: Alpen-Mannsschild. Aber die Augen tränen, weiter, nur weiter, hinaus aus dieser lebensfeindlichen Zone! – Tags darauf kann sich ein makellos blauer Himmel über dieselben Gipfel ausspannen, und die

10 Pelzanemone (Anemone vernalis)
Familie: Hahnenfußgewächse (Ranunculaceae)
Text: Seite 60

Sonne glüht auf den noch nassen Fels, auf Gletscher-Hahnenfuß und Alpen-Mannsschild herab.

An vielen Tagen ist der Wind allgegenwärtig, er weht fast unausgesetzt. Vielleicht holt er einmal Atem, doch die Pause ist nur von kurzer Dauer. Meist bedenkt man gar nicht, daß auch dieser Wind, nicht nur der Sturm, einen starken Einfluß auf die Pflanzenwelt ausübt. Einesteils verweht er wohl die Samen der windblütigen Pflanzen und sorgt somit für eine weite Verbreitung. Zum anderen aber besitzt er eine stark austrocknende Wir-

11 Schwefel-Anemone (Anemone sulphurea)
Familie: Hahnenfußgewächse (Ranunculaceae)
Text: Seite 62

12 Gletscher-Hahnenfuß (Ranunculus glacialis)
Familie: Hahnenfußgewächse (Ranunculaceae)
Text: Seite 48

kung. Viele Alpenpflanzen sind dagegen durch lederartige Beschaffenheit ihrer Blätter, durch starke, filzige Behaarung u. a. geschützt.

Naturgemäß stellen die oberen Zonen der Gebirge die härtesten Anforderungen an die Pflanzen. Dies zeigt sich besonders im Winter. Wenn in tieferen Gebieten längst der Frühling eingezogen ist, herrschen dort oben noch Frost, Eis und Schnee. In der Tat wirkt sich vor allem die Länge des Winters, weniger seine besondere Strenge, auf unsere Alpenblumen aus. Winter bedeutet für alle Pflanzen eine Ruheperiode. Je länger nun dieser Winter anhält, desto kürzer wird für sie die Wachstumsperiode sein. Nach diversen Messungen beträgt diese in einer Höhe von 2100 m etwa 75 Tage. Mit anderen Worten: in 2100 m Höhe müssen die Pflanzen innerhalb von 2½ Monaten wachsen, blühen und fruchten! Jede Höhenzunahme von 100 m verkürzt diese Vegetationszeit um weitere 6 bis 7 Tage. Eine Reihe Pflanzen muß also in 5 bis 6 Wochen denselben Lebenszyklus durchlaufen für den beispielsweise Gewächse unserer Ebenen die Monate März bis Oktober zur Verfügung haben. Wenn wir dies bedenken, beginnen uns bereits manche Eigenheiten unserer Alpenpflanzen verständlich zu werden, wie zum Beispiel ihr kleiner Wuchs, der Überfluß an Blüten, durch den sich ja auch die Chancen der Befruchtung erhöhen u.a.m.

Doch neben allen Schwierigkeiten, die das Alpenklima bereitet, hat es auch entsprechende Vorteile zu bieten. Durch die Reinheit seiner dünnen Luft kommen mehr rote Strahlen des Sonnenlichtes zur Wirkung, als im diffusen Licht tieferer Zonen. Für die Pflanzen hat dies insofern seine besondere Bedeutung, als eben diese Rotstrahlen bei der Assimilation eine sehr aktive Rolle spielen. Unter assimilieren versteht man die charakteristische Fähigkeit der Pflanzen, anorganische Stoffe mit Hilfe von Blattgrün und Licht in organische umzuwandeln. Das Strahlungsklima der Alpen versetzt also die Pflanzen in die Lage, intensiver zu assimilieren als Pflanzen der Tiefe.

Langjährige Untersuchungen haben – nach Claude Favarger – noch weiteres Licht in diese Zusammenhänge gebracht: «Das Strahlungsklima begünstigt

13 Pyrenäen-Hahnenfuß (Ranunculus pyrenaeus)
Familie: Hahnenfußgewächse (Ranunculaceae)
Text: Seite 61

14 Alpenrebe (Clematis alpina)
Familie: Hahnenfußgewächse (Ranunculaceae)
Text: Seite 87

die Assimilation von CO_2 durch die Blätter so sehr, daß eine Überproduktion von Zucker die Folge ist. Da der Zucker sich wegen der niedrigen Nachttemperaturen, die den Umwandlungsprozeß verhindern, nicht in Stärke (dem Hauptreservestoff der Pflanzen) verwandeln kann, bleibt er gelöst in den Zellen ... Der Zuckerüberschuß ... bietet noch einen Vorteil: Er erhöht die Resistenz des pflanzlichen Gewebes gegen die Einwirkungen des Frostes. Endlich wird der Überschuß der Kohlehydrate für das Streckungswachstum der unterirdischen Organe, die der Lichteinwirkung entzogen sind, sowie zu einer reichlichen Blüte benutzt.»

Wir haben erfahren, daß die langen Winter unserer Alpengebiete eine tiefgreifende Wirkung auf die Pflanzenwelt ausüben, indem sich dadurch die vollaktive Lebenszeit der Pflanzen sehr verkürzt. Aber auch diesen Härten stehen Ausgleiche gegenüber. Die Lebensräume unserer Alpenblumen sind im Winter weitgehend von Schnee bedeckt. Unter anderem bietet diese Schneedecke Schutz gegen Kälte. Selbst bei einer Lufttemperatur von -20° C ist der Boden hier kaum gefroren. Dazu kommt noch, daß sogar durch eine Schneedecke beträchtlichen Ausmaßes Licht bis zum Boden vordringen kann. Infolge der oben erwähnten besonderen Lichtstrahlungsverhältnisse im Hochgebirge vermögen daher namentlich die immergrünen Pflanzen an hellen Wintertagen noch unter dem Schnee zu assimilieren und somit für ein Minimum an Nahrung zu sorgen.

Der austrocknenden Wirkung des Windes und ähnlichem steht die allgemein große Niederschlagsmenge ausgleichend gegenuber. Zwar werden nicht alle Gebiete und Zonen unserer Alpen gleichmäßig mit Niederschlägen beschickt, doch sind weite Teile schon durch die von Firnen und Gletschern gespeisten Bäche hinreichend mit Wasser versorgt.

Wir sehen, auch das «harte» Alpenklima besitzt jene Ausgewogenheit, die wir immer wieder an der ungestörten Natur bewundern können. Allerdings ist auch hier nur in diese Ausgewogenheit eingebettet, was die Vorteile der Gegebenheiten nützen und dadurch den Härten wirksam begegnen kann. Dem Außenstehenden, nicht Eingefügten, verschließen sich die Lebensräume selbsttätig.

15 Schweizer Mannsschild (Androsace helvetica)
Familie: Primelgewächse (Primulaceae)
Text: Seite 34

Ein weiterer Faktor, der auch in den Alpen stark auf das Pflanzenleben einwirkt, ist die Bodenbeschaffenheit. Wir alle kennen einen der augenfälligsten Unterschiede: Während über die Hänge der Urgesteinsmassive die Bächlein rinnen und sich oft in Tälern zu rauschenden, eisgrünen Bächen sammeln, sind Kalkgebiete mehr oder weniger stumm, ohne das Gluckern oder Tosen des Wassers; Regen und Schmelzwasser verschwinden in kurzer Zeit im Gestein.

Obwohl die Gesteinswelt der Alpen ungemein vielfältig ist, genügt für das Verstehen gewisser Eigentümlichkeiten unserer Alpenflora zunächst die allgemeine Unterscheidung zwischen Kalk- und Kieselboden. Ob der Boden kalkreich oder kalkarm bzw. kalklos ist, ist für die Pflanze offensichtlich sehr wesentlich. Manche Arten fühlen sich auffällig zu Kalkboden hingezogen, andere meiden ihn; man spricht daher von kalkliebenden und kalkfliehenden Pflanzen. Manche «arrangieren» sich auch mit jedem Boden, sie verhalten sich indifferent.

In der Folge sind einige kalkliebende bzw. kalkfliehende Arten angeführt.

Kalkliebend	*Kalkfliehend*
Schwarze Schafgarbe (Achillea atrata)	Bisam-Schafgarbe (Achillea moschata)
Schweizer Mannsschild (Androsace helvetica)	Alpen-Mannsschild (Androsace alpina)
Breitblättriges Hornkraut (Cerastium latifolium	Einblättriges Hornkraut (Cerastium uniflorum)
Großblütige Gemswurz (Doronicum grandiflorum)	Clusius' Gemswurz (Doronicum clusii)
Clusius' Enzian (Gentiana clusii)	Koch'scher Enzian (Gentiana kochiana)
Gelber Enzian (Gentiana lutea)	Punktierter Enzian (Gentiana punctata)
Berg-Löwenzahn (Leontodon montanus)	Schweizer Löwenzahn (Leontodon helveticus)

Vielfach handelt es sich bei ihnen um sogenannte vikariierende Arten, von denen die eine auf Kalk, die andere nahe verwandte auf saurem Boden vorkommt.

Durch intensive chemische Bodenuntersuchungen hat man herausgefunden, daß Pflanzen vor allem auf den Säuregehalt des Bodens ansprechen. Kalkböden sind neutral oder alkalisch, kieselhaltige Böden dagegen meist stark

sauer. Man nennt demnach kalkliebende Pflanzen auch neutrophil oder basiphil, kalkfliehende Arten acidiphil.
Allerdings liegen die Dinge kaum je so einfach, daß die einzelnen Gebirgsstöcke ausschließlich aus Kalk oder nur aus Urgestein aufgebaut sind. Es zeigen sich Einsprengungen, Überschichtungen u.a.m. So kommt es beispielsweise nicht selten vor, daß man in einem reinen Kalkgebiet unvermutet auf Pflanzen stoßen kann, die als kalkfliehend bekannt sind. Dies kann darin begründet sein, daß eben dort der Boden durch Wassereinwirkung ausgewaschen, sein Calciumgehalt abgeschwemmt worden ist. Dementsprechend hat sich der Säuregehalt des Bodens verändert und Hand in Hand damit geht eine allmähliche Einwanderung kalkfliehender Pflanzen.
Die Bodenbeschaffenheit stellt einen Komplex dar, in dem viele Faktoren wirksam sind, wie Schichtung und Zusammensetzung des Gesteins, Verwitterung u.a.m., und bei der Bodenbildung spielen Lebensäußerungen von Bakterien, Algen und Pilzen ausschlaggebende Rollen.
Auch in diesen Zusammenhängen zeigt sich die große Lebendigkeit der Natur, das immerwährende Fließen und Sichverändern und die Tatsache, daß jeder Anstoß für uns noch unübersehbare Auswirkungen zeitigen kann und jede Wirkung bereits einen neuen Anstoß darstellt.
Wir haben uns in großen Zügen die Lebensbedingungen bewußt gemacht, die der Alpenraum den Pflanzen bietet. Dabei hat sich das Wechselspiel zwischen den Alpenpflanzen und der Welt in der sie leben abzuzeichnen begonnen. Wir sehen, daß es unter diesen Pflanzen «Spezialisten» gibt, die sich auf Kalk oder auf sauren Böden wohlfühlen, die auf windgepeitschten Graten, in großer Höhe oder im Nassen daheim sind. Es gibt aber auch «Lebenskünstler», die mit verschiedenen Gegebenheiten fertig werden, denen auch dementsprechend weitere Verbreitungsräume offenstehen werden. Je nach den Fähigkeiten, die in der Pflanze zur Entfaltung kommen, paßt sie sich ein, beheimatet sie sich in der ihr gemäßen Zone.
Auf diese Weise, also im Wechselspiel zwischen der Pflanze und ihrer Welt, sind, im großen gesehen, im Laufe sehr weiter Zeiträume auch jene Zonen entstanden, die wir heute als Vegetationsstufen bezeichnen:
Wer von der Ebene ins Gebirge fährt, passiert im Ablauf der Steigung, die seine Straße überwindet, diese Zonen, die jeweils einen unterschiedlichen, typischen Pflanzenwuchs aufweisen. Man bezeichnet Landstriche bis zur oberen Grenze der Rebkultur als Kultur- oder colline Stufe, daran schließt die Laubwald- oder montane Stufe an. Wo der Laubwald vom Nadelwald abgelöst wird, spricht man von der Nadelwald- oder subalpinen Stufe, die bis zur Waldgrenze hinaufreicht. Über der Baumgrenze beginnt die baumlose oder alpine Stufe. Vielfach wird die oberste Zone noch als subnivale

16 Alpen- oder Gletscher-Mannsschild
(Androsace glacialis)
Familie: Primelgewächse (Primulaceae),
Text: Seite 47

und nivale Stufe gesondert herausgehoben. Im großen gesehen folgen diese Zonen gürtelartig aufeinander.

Höhengrenzen dieser Vegetationsstufen anzugeben ist sehr schwierig, da diese Grenzen mitunter recht beträchtlich schwanken. Wie wir bereits gesehen haben, ist für die Vegetation weniger die Höhe über dem Meeresspiegel ausschlaggebend, als das Klima. So liegt beispielsweise die obere Waldgrenze im Jura bei 1500 m, in den Voralpen bei 1700 bis 1800 m, im Engadin dagegen bei 2300 m! Immerhin bieten allgemeine Angaben der Höhengrenzen einen gewissen Überblick.

In der Folge die Werte nach Jenny-Lips:

Obere Grenze der

Kulturstufe	etwa 600 m	(700 bis 800 m im Wallis und Tessin)
Laubwaldstufe	etwa 1300 m	(1500 m im Jura, 1700 m im Tessin)
Nadelwaldstufe	etwa 1700 m bis 2300 m	
Alpine Stufe	etwa 2500 m bis 3200 m	

17 Gegenblättriger Steinbrech (Saxifrage oppositifolia)
Familie: Steinbrechgewächse (Saxifragaceae)
Text: Seite 50

18 Strauß-Steinbrech (Saxifraga cotyledon)
Familie: Steinbrechgewächse (Saxifragaceae)
Text: Seite 94

Es handelt sich, wie bereits betont, um allgemeine Angaben. Die Verhältnisse in einzelnen Landesteilen der Schweiz weichen selbst von diesem weitgefaßten Schema nicht unerheblich ab.
Wie jede Gliederung, wie jedes System, das man an die Natur legt, weist auch eine solche Einteilung Lücken auf, besitzt ihre Schwächen. Die Schwierigkeit liegt allgemein in der Diskrepanz zwischen der nicht zu umgehenden Starrheit jeder Einteilung und der Lebendigkeit der Natur, die nirgends feste Begrenzungen kennt, sondern andauernden Übergang, ständige Veränderung und Entwicklung. Selbst die Vegetationsstufen an sich, wie sie sich uns heute zeigen, stellen nichts Endgültiges, für alle Zeiten Abgeschlossenes dar. Sie verändern sich, verschieben ihre Grenzen, meist allmählich und unmerklich für uns. Nur wo Naturereignisse plötzlich umwälzend eingreifen oder wo der Mensch die Hand im Spiel hat, zeigen sich Veränderungen rascher und spielen sich somit für uns sichtbarer ab.
Ein wissenschaftliches System kann der Natur noch so mühevoll und gut abgelauscht sein, es wird nie mehr als ein mitunter recht großmaschiges Netz sein können, durch dessen Lücken sich ständig ein lebhafter Wechsel und Austausch vollzieht. Obwohl sich der Wissenschaftler dieser naturbedingten Mängel der Gliederungen und Einteilungen bewußt ist, kann er nicht darauf verzichten, zu benennen, Gliederungen und Systeme aufzustellen, um Übersichten zu gewinnen und Einsichten anzustreben. Ich meine aber, wir

19 Immergrüner Steinbrech
(Saxifraga paniculata = S. aizoon)
Familie: Steinbrechgewächse (Saxifragaceae)
Text: Seite 94

20 Rauher Steinbrech (Saxifraga aspera)
Familie: Steinbrechgewächse (Saxifragaceae)
Text: Seite 96

21 Bewimperter Steinbrech (Saxifraga aizoides)
Familie: Steinbrechgewächse (Saxifragaceae),
Text: Seite 114

22 Bläulicher Steinbrech (Saxifraga caesia)
Familie: Steinbrechgewächse (Saxifragaceae)
Text: Seite 36

23 Stern-Steinbrech (Saxifraga stellaris)
Familie: Steinbrechgewächse (Saxifragaceae)
Text: Seite 114

24 Gefurchter Steinbrech (Saxifraga exarata)
Familie: Steinbrechgewächse (Saxifragaceae)
Text: Seite 42

sollten uns nicht daran stoßen, daß die Kluft zwischen künstlich und natürlich eben besteht, sondern uns an der Lebendigkeit freuen, die der Natur innewohnt und versuchen, uns selbst weitgehend von allen starren Vorstellungen zu lösen.

Der hauptsächliche Lebensbereich der Alpenblumen liegt in der subalpinen und alpinen Zone. Natürlich lassen sich auch hier die Grenzen keineswegs eindeutig und klar ziehen. Zahlreiche Arten steigen von der subalpinen in die montane Stufe hinab, und es gibt eine Reihe Pflanzen der Ebene, die als Modifikation, häufiger noch als Unterart, auch in der alpinen Zone daheim ist. Wobei man sich in Fachkreisen durchaus nicht einig ist, ob nun die alpine oder die Form der Ebene die ursprüngliche, die Ausgangsform war. Unter Modifikation versteht man den Komplex nicht vererbbarer Merkmalsveränderungen, die durch Anpassung an neue Lebensbedingungen hervorgerufen wurden. Bringt man solche Pflanzen wieder an ihren ursprünglichen Standort zurück, verschwinden diese Veränderungen. Unterarten dagegen weisen Merkmale auf, durch die sie sich grundlegend unterscheiden und die auch vererbt werden.

Interessant und aufschlußreich sind in diesem Zusammenhang auch Ergebnisse pflanzengeographischer Forschungen. Durch sie erfahren wir zum Beispiel (nach H. und M. Brockmann-Jerosch), daß von 420 schweizerischen Gebirgspflanzen 231 in den Karpaten vorkommen, 275 in den Pyrenäen, 103 im Ural, 129 im Altai und 270 in den arktischen Regionen. Und eine Reihe unserer Enziane, Primeln und Mannsschild-Arten hat Verwandte in ostasiatischen Ebenen. Diese Beispiele werfen ein Licht auf Verspannungen, deren Problematik wohl manche Theorien auf den Plan gerufen hat, die jedoch noch nicht einleuchtend und befriedigend geklärt worden ist.

Aber trotz dieser Verwandtschaft in anderen Ländern oder Erdteilen stellen unsere Alpenpflanzen etwas weitgehend Selbständiges dar. Durch ihre speziellen Ausformungen setzen sie sich eindeutig von der Pflanzenwelt anderer Gebiete ab.

25 Studentenröschen (Parnassia palustris)
Familie: Steinbrechgewächse (Saxifragaceae)
Text: Seite 120

26 Gelber Enzian (Gentiana lutea)
Familie: Enziangewächse (Gentianaceae)
Text: Seite 125

PFLANZENGEMEINSCHAFTEN

Wer durch die subalpinen und alpinen Zonen unserer Alpen wandert und gewohnt ist, seine Augen offen zu halten, wird früher oder später feststellen, daß er bestimmte Pflanzenarten immer wieder gemeinsam antrifft. An den nassen Plätzen der Quellfluren sieht er das gelbe Zweiblütige Veilchen (Viola biflora) neben den violetten Blüten des Gewöhnlichen Fettkrautes (Pinguicula vulgaris) stehen, von ganz bestimmten Moosen umgeben, vielleicht findet sich auch noch das blaßviolette Sumpfveilchen (Viola palustris) ein. Die reinweißen Blüten der Paradies-Lilie (Paradisia Liliastrum) ziehen seinen Blick auf sich, er findet in ihrer nächsten Nachbarschaft die auffallenden Schöpfe des Braunklees (Trifolium badium), Vergißmeinnicht (Myosotis silvatica), und da und dort öffnet Berg-Hauswurz (Sempervivum montanum) ihre schönen Blütensterne. Im Legföhrengebüsch findet er die blauen Blüten der Alpenrebe (Clematis alpina) und muß nicht lange nach dem Steinröschen (Daphne striata) suchen, dessen Duft

wie eine würzig-süße Wolke in der windstillen Luft zwischen den Föhren hängt; da und dort leuchten die gelben Blüten des Thora-Hahnenfußes (Ranunculus thora). Wo das Alpen-Stiefmütterchen (Viola calcarata) mit seinen samtigen Blüten violette Flächen in den kurzgrasigen Alpenrasen malt, findet er auch die zierlichen weißen Blütenstände des Stumpfblättrigen Mannsschildes (Androsace obtusifolia) und vielleicht die gelbblühende Berg-Nelkenwurz (Sieversia montana). Und wo im Frühling die Hänge gelb sind durch die Schwefel-Anemone (Pulsatilla sulphurea), leuchten auch die dunkelblauen Becher des Koch'schen Enzian (Gentiana kochiana). Vielleicht macht er sich, angeregt durch diese Beobachtungen, einmal Gedanken darüber, wieso diese Pflanzen mehr oder weniger gemeinsam auftreten, wo man wohl den Grund zu solchen – und vielen anderen – Pflanzengemeinschaften zu suchen hat.

Wenn man sich die Lebendigkeit innerhalb der Natur gegenwärtig macht und die Tatsachen in Rechnung stellt, daß eines dem anderen Ursache und Wirkung zu sein vermag und jeder Fähigkeit die Möglichkeit zur Entfaltung gegeben ist, beginnt man auch hier Zusammenhänge zu sehen.

Auf der einen Seite besteht die Gegebenheit der Örtlichkeit – der Felswand, des Bachufers, der Schutthalde usw. –, die einen besonderen Komplex darstellt, in den allgemeine Bodenbeschaffenheit, Temperatur, Niederschläge, Verdunstung, Wind, Lichtverhältnisse und vieles andere mehr hineinspielen. In unserem Zusammenhang nennt man diese Gegebenheit die natürliche Umwelt der Pflanze, ihren Standort.

Auf der anderen Seite steht die Pflanze selbst mit ihren Fähigkeiten und mit ihren Grenzen. Wie wir bereits am Beispiel der kalkfliehenden und kalkliebenden Arten gesehen haben, besteht eine mehr oder weniger offensichtliche Beziehung zwischen dem Boden, umfassender: der örtlichen Gegebenheit und der Pflanze. Diese Tatsache ist auch jedem Gartenbesitzer geläufig. Das Spiel dieser Beziehungen regelt, im großen gesehen, auch die Besiedlung unseres Alpenraumes durch die Pflanzen. Den vielen fein differenzierten Gegebenheiten entsprechen Pflanzen mit oft ins ganz spezielle gehenden Fähigkeiten, eben jene «Spezialisten», die nur Kalk, nur Nässe, nur Schatten, nur gewachsenen Fels usw. verlangen, um sich entfalten zu können. Oder es finden sich die «Vielseitigen» unter den Alpenpflanzen ein, deren Grenzen weiter gezogen sind.

In natürlicher Folge begegnen sich an den jeweiligen Standorten jene Pflanzen, die ähnliche «Geschmacksrichtungen» aufweisen; es entstehen Pflanzengesellschaften oder «Assoziationen», wie sich der Botaniker ausdrückt.

27 Koch'scher Enzian (Gentiana kochiana)
Familie: Enziangewächse (Gentianaceae)
Text: Seite 62

28 Deutscher Enzian (Gentiana germanica)
Familie: Enziangewächse (Gentianaceae)
Text: Seite 130

29 Feldenzian (Gentiana campestris)
Familie: Enziangewächse (Gentianaceae)
Text: Seite 130

30 Blasen-Enzian (Gentiana utriculosa)
Familie: Enziangewächse (Gentianaceae)
Text: Seite 118

31 Schnee-Enzian (Gentiana nivalis)
Familie: Enziangewächse (Gentianaceae)
Text: Seite 118

Nun sind natürlich auch Pflanzengesellschaften etwas sehr Lebendiges. Je nach der speziellen Beschaffenheit des Standortes wird hier eine Art in der Gemeinschaft fehlen oder nur spärlich vertreten sein, während sie unweit davon vielleicht den Ton angibt. Oder es finden sich Arten ein, die vielerorts in eben dieser Pflanzengesellschaft fehlen. Eine Gipfelregion wird zum Beispiel Gletscher-Hahnenfuß (Ranunculus glacialis), Alpen-Mannsschild (Androsace alpina) und den reizenden, blaublütigen Himmelsherold (Eritrichium nanum) beherbergen, während in ihrer nächsten Nachbarschaft der Himmelsherold gänzlich fehlen kann.

Keine Beziehung in der Natur kann einseitig sein, so wirkt auch nicht nur der Boden auf die Pflanze, sondern die Pflanze ihrerseits wirkt oft weit in ihre Umwelt hinein. Und zweifellos treten auch Pflanzen in Beziehung zu einander, indem sie sich gegenseitig fördern oder hemmen. Denken wir in diesem Zusammenhang lediglich an die Schattenwirkung von Bäumen und Sträuchern. Von den Feinheiten eben dieser Beziehungen ist uns wohl noch das meiste unbekannt.

In diese sich wechselwirkend beeinflussende Gemeinschaft sind auch Tiere eingefügt, von Gemse, Steinbock und Murmeltier über Vögel, bis zu den zahlreichen Insekten, die alle ihre oft bedeutenden Rollen spielen.

Obwohl diese Lebensgemeinschaften vielfach und auf die verschiedenste Weise ineinander verflochten sind, findet man doch in jeder Pflanzengemeinschaft eine für sie charakteristische Artenzusammensetzung, gewissermaßen einen konstanten Kern. Zu solchen Charakterarten zählen für den subalpinen Nadelwald beispielsweise das Moorzweiblatt (Listera cordata), das Einblütige Wintergrün (Pyrola uniflora) und die gelbe Hainsimse (Luzula luzulina). In gewissen Zweigen der botanischen Forschung gewinnen diese Charakterarten immer mehr an Bedeutung.

Aber auch die Pflanzengesellschaften selbst sind veränderlich. Einzelheiten im Komplex der Standortbedingungen verschieben sich: eine Schutthalde

32 Kurzblättriger Enzian (Gentiana brachyphylla)
Familie: Enziangewächse (Gentianaceae)
Text: Seite 70

33 Alpen-Vergißmeinnicht (Myosotis alpestris)
Familie: Boretschgewächse (Boraginaceae)
Text: Seite 128

kommt zur Ruhe, alkalischer Boden wird sauer, aus dem Wald wird eine Lichtung geschlagen, auf die Alpenmatte wird Dünger gestreut. Im Ausmaß der Veränderung werden Arten aus der Gemeinschaft gerückt, weitere nehmen überhand, der Übergang zu einer anderen Pflanzengemeinschaft nimmt seinen Anfang. Aus der Schutthalde mit ihrer ungemein reizvollen Pflanzengesellschaft wird langsam, sehr langsam ein Alpenrasen, ein grüner, durchblühter Teppich, der Felsbrocken, Rinnen und Mulden der einstigen Schutthalde überzieht.

Der Alpenrasen stellt eine Pflanzengesellschaft dar, die auf recht lange Sicht unverändert bleibt. Eine solche Assoziation wird Klimax-Assoziation genannt, das heißt, sie hat den Zustand eines Gleichgewichtes mit ihrem Klima erreicht. Die Einflüsse erzwingen hier keine Veränderungen, auf längere Sicht können sich die Pflanzen weiterentwickeln und verbreiten.

Auf tieferen Stufen stellt bei uns der Wald die Klimax-Assoziation dar. Natürlich haben auch solche Assoziationen nicht die Gewähr für ihren Dauerbestand. Lawinenabgänge, Bergrutsche, Überschwemmungen, Eingriffe des Menschen können auch dieses Gleichgewicht stören und damit Anlaß zu neuerlichen Veränderungen sein.

BLÜHENDE GESTEINSFLUREN

Wir wenden uns nunmehr einzelnen Lebensräumen unserer Alpenpflanzen zu, zunächst den in der alpinen Zone gelegenen. Auf Menschen, die nicht in den Bergen daheim sind, mag die obere Region der Felsen recht fremd, vielleicht auch bedrückend wirken. Die klaren oder bizarren Formen der Massive entzücken sie wohl, aber wer mit der Bergbahn gegen den Gipfel fährt, kann manchmal bemerken, wie sie die heranrückende Nähe und die Kahlheit der Felsen erschreckt, denen jedes Pflanzenleben, jedes mildernde, freundliche Grün zu fehlen scheint. Der Bergwanderer aber weiß, daß auch in dieser Höhe nicht der kahle, nackte Fels allein herrscht.

In großen Höhen und an besonders exponierten Stellen wird das Gestein fast ausschließlich von Flechten besiedelt. Sie «benagen» den Fels, auf dem sie sitzen, mit Hilfe ausgeschiedener Säuren und bedecken ihn dafür mit ihren bunten, oft abstrakte Muster bildenden Flechtenkörpern. Sie sind Pioniere im wahrsten Sinne des Wortes; selbst das Gipfelgestein des Mont Blanc wird von ihnen bewohnt!

Den Flechten folgen Moose, und wo Moose absterben, entsteht allmählich Humus. Nicht viel und nur an geschützten Stellen, in Ritzen und Spalten der Felsen, kann er sich ansammeln. Aber auf diese Weise verliert die besondere Schwierigkeit dieser Region, der Mangel an «Boden», die Härte; da und dort bekommt eine Blütenpflanze Lebensmöglichkeit. Deshalb wurzeln auch die in diese Zone vordringenden Blütenpflanzen vorzugsweise in Felsspalten. Und jedes Jahr, wenn der fortschreitende Frühling auch in diesen herben Regionen wirksam wird, füllt die Behaarte Primel (Primula hirsuta) Felsenspalten mit dem leuchtenden Rosa ihrer Blüten, entfaltet an der Felswand die Aurikel ihre duftenden gelben Blüten, blüht zierlich der Steinbrech, besteckt sich das seltsame Kugelkissen des Schweizer Mannsschildes mit kleinblütigem, weißem Flor. Es mutet wie ein Wunder an, obwohl man weiß, daß alles im Gang weiter Gesetzmäßigkeit entstanden ist.

Pflanzen dieser Zonen haben manche Eigenheiten der Alpenflora naturgemäß besonders ausgeprägt. Sie sind ausdauernd, also nicht einjährig, das ist durchaus einleuchtend, wenn man die Kürze ihrer aktiven Lebenszeit bedenkt. Ihr Wuchs ist meist klein, denn die Nächte hemmen das Wachstum der Triebe durch ihre Kälte. Sie besitzen vielfach immergrüne Blätter, können also selbst im Winter an sonnigen Tagen assimilieren. Ledrige Beschaffenheit der Blätter und starke Behaarung schützen sie gegen ein Austrocknen. Ihre Wurzeln sind meist stark ausgebildet. Erstaunlich ist die Blütenfülle. Sie steht in engem Zusammenhang mit dem Zuckerüberschuß, der insbesondere durch das Strahlungsklima der Alpen in den Zellen angereichert wird.

Die überwiegende Mehrheit der alpinen Pflanzen ist insektenblütig, davon sprechen schon die starken Farben, Duft und Nektar, doch sind sie meist nicht auf besondere Insekten spezialisiert. Manche Pflanzen bestäuben sich auch selbst. Daß sie, die in diesen besonders extremen Verhältnissen gedeihen, sehr standorttreu sind, sich also kaum verpflanzen lassen, ist verständlich. Sie haben ihre Fähigkeiten auf ganz spezielle Weise ausgebaut, sich extremen Bedingungen eingepaßt, auch ein solches Spezialistentum hat seine entsprechend engen Grenzen.

Die eigenartigste Blütenpflanze der Felsenregion ist wohl der *Schweizer*

Mannsschild (Androsace helvetica). Seine halbkugeligen bis kugeligen Polster sitzen auf Kalkgestein in Höhen zwischen 2000 und 3000 m. Die etwa 3 mm langen, behaarten Blätter liegen dachziegelartig übereinander und verleihen dem Polster ein dichtes, kompaktes Aussehen. Der Schweizer Mannsschild findet sich vielfach an sehr exponierten Stellen, an windgepeitschten Graten und ungeschützten Gipfelpartien. Eine lange, kräftige Pfahlwurzel, die tief in Felsspalten eindringt, verankert ihn vorzüglich. Diese dichten Kugelpolster können bis 60 Jahre alt werden, soweit man

34 Himmelsherold (Eritrichium nanum)
Familie: Boretschgewächse (Boraginaceae)
Text: Seite 47

beobachtet hat. Jährlich entwickeln sich neue Blatt- und Blütentriebe an der Oberfläche, während die Blätter im Innern des Polsters allmählich absterben. Der Schweizer Mannsschild blüht sehr früh in vielen, etwa 5 mm kleinen, weißen Blüten und bietet dann einen ungewöhnlichen und unvergeßlichen Anblick. Er ist weiter verbreitet, als man nach seinem Namen annehmen möchte. Sein Gebiet reicht von der Dauphiné – wo er auch auf Urgestein vorkommen soll! – über die Nordwest- und Nordalpen bis in die österreichische Steiermark hinein.

Einer seiner Begleiter ist der *Bläuliche Steinbrech* (Saxifraga caesia), ebenfalls eine Polsterpflanze, wenn auch von lockerem Wuchs. Sein Name nimmt ganz offensichtlich auf die bläulichgrüne Farbe seiner kleinen Blätter Bezug.

35 Stengelloses Leimkraut (Silene acaulis)
Familie: Nelkengewächse (Caryophyllaceae)
Text: Seite 42

36 Steinnelke (Dianthus silvester)
Familie: Nelkengewächse (Caryophyllaceae)
Text: Seite 92

Er besitzt die Eigenart, überschüssigen, aufgenommenen Kalk durch besondere Drüsen an den Blatträndern auszuscheiden, wie auch Saxifraga aizoon und Saxifraga cotyledon. Die Blüten sind sehr zierlich und weiß. Er kommt, wie gesagt, neben dem Schweizer Mannsschild in Felsspalten der alpinen Region vor. Man trifft ihn aber auch auf Feinschutt an, und feuchten Schluchten folgend, steigt er bis in die montane Zone hinunter. Sein Gebiet liegt in den Pyrenäen, den Alpen, im Apennin und in den Karpaten.

Auf kalkreichem Gestein ist auch die *Aurikel* (Primula auricula) daheim. Die zahlreichen Namen, die ihr der Volksmund verliehen hat, zeugen von ihrer großen Beliebtheit. Da aber mancher was er liebt oder zu lieben glaubt, nicht hegt, mußte auch die Aurikel unter Naturschutz gestellt werden. Sie blühen zu sehen, gehört zu den schönsten Frühlingserlebnissen in den Bergen. Ihre fleischigen, graugrünen Blätter ordnen sich zu einer Rosette, ein 5 bis 25 cm hoher, mehlbestäubter Stengel trägt ihre aromatisch duftenden, gelben, großen Primelblüten, die in einer zierlichen Dolde beisammen stehen. Beheimatet ist die Aurikel in den Alpen, im Jura (ausgenommen ist der südliche Jura), im Apennin und in den östlichen Karpaten.

Wie bereits erwähnt, ist auch die *Behaarte Primel* (Primula hirsuta) eine Bewohnerin alpiner Felsengebiete, allerdings bevorzugt sie kalkarmes Ge-

stein. Wo sie vorkommt, scheint der Fels selbst in einem starken, leuchtenden Rosa zu blühen. Auch sie wurzelt vorzugsweise in Felsspalten und -ritzen. Ihre Blätter sind gezähnt, rundlich-oval und kurz behaart. Jedes Blatthärchen besitzt eine Drüse, die einen klebrigen Saft und harzigen Duft absondert. In großen Höhen sind ihre Blütendolden wohl wenigblütig, aber die einzelnen Blüten sind oft außerordentlich groß. Der weiße Kronschlund bildet einen reizvollen Kontrast zum starken Rosa der übrigen Blüte. Wo die Lebensbereiche der Behaarten Primel und der Aurikel nebeneinander liegen – wie zum Beispiel am Simplon –, entstehen vielfach Bastarde, die den Namen Primula pubescens tragen. Sie sind seit 1561 bekannt und stellen die Grundlage der Gartenprimel-Zucht dar. Die Behaarte Primel blüht von April bis Juli, je nach Standort. In manchen Gegenden steigt sie bis in die untere subalpine Stufe hinab, doch bleibt sie stets eine Felsenprimel. In solchen tieferen Lagen sind ihre Dolden oft sehr reichblütig. Sie gilt als mittel- und südeuropäische Gebirgspflanze.

Die *Klebrige Primel* (Primula viscosa) ist ebenfalls eine Felsenprimel und kommt in Höhen zwischen 2200 und 2700 m vor. Sie ähnelt etwas der Behaarten Primel, doch besitzt sie wesentlich kleinere Blütenkronen, die in ihrem Rosa einen starken Violetteinschlag aufweisen, und längere Blütenstiele. Wer sie zum erstenmal sieht, könnte sie für eine rosaviolette Schwester der vielblütigen, gelben Primeln unserer Jurawiesen ansehen. Auch die Klebrige Primel besitzt, wie ihr Name andeutet, Drüsen, die klebrige Stoffe absondern. Aus dem Berninagebiet sind Bastarde zwischen der Behaarten und der Klebrigen Primel bekannt, die den Namen Primula berninae tragen. An gewissen Stellen treten sie recht häufig auf, manche violett wie die Klebrige, aber großblütig, mit weißem Schlund wie die Behaarte Primel; andere weisen von der Klebrigen Primel fast nur die langen Blütenstiele auf, die leicht violettgetönte Blüten der Behaarten Primel tragen; daneben gibt es alle erdenklichen weiteren Formen mit Merkmalen des einen sowie des anderen Elternteiles. Das Vorkommen der Klebrigen Primel ist in der Schweiz auf Graubünden beschränkt. Interessanterweise tritt sie jedoch außer im Ostalpenraum auch in den Pyrenäen auf.

Obwohl die *Ganzblättrige Primel* (Primula integrifolia) keine Felsenprimel ist, sondern im feuchten alpinen Rasen wurzelt, möchte ich sie doch an dieser Stelle nennen, denn wo sich in der alpinen Zone kalkarmer Fels und vom Schmelzwasser getränkter Rasen begegnen, ist sie manchmal der dritte Ton im Akkord der rosa blühenden Alpenprimeln. Dort blühen dann die Behaarten Primeln leuchtendrosa, groß und kurzstielig in den Felsenspalten, oft in dichten Girlanden, daneben die hochstengeligen, rosaviolet-

37 Prachtnelke (Dianthus superbus)
Familie: Nelkengewächse (Caryophyllaceae)
Text: Seite 81

38 Frühlings-Miere (Minuartia verna)
Familie: Nelkengewächse (Caryophyllaceae)
Text: Seite 54

39 Einblütiges Hornkraut
(Cerastium uniflorum)
Familie: Nelkengewächse (Caryophyllaceae)
Text: Seite 54

40 Breitblättriges Hornkraut
(Cerastium latifolium)
Familie: Nelkengewächse (Caryophyllaceae)
Text: Seite 54

ten Gruppen der Klebrigen Primel, während die mattvioletten, großen, tiefeingeschnittenen Blüten der Ganzblättrigen Primel den dunklen, feuchten Boden am Fuße der Felsen durchsetzen. Die Pracht eines solchen Bildes läßt sich mit wenigen Worten kaum beschreiben. – Die Ganzblättrige Primel wurde nach ihren ganzrandigen kleinen Blättern benannt, die zu Rosetten geordnet auf dem Boden sitzen. Die kurzen Blütenstiele tragen nur 1 bis 3 Blüten, die durch ihre tief eingeschnittene Form und dem matten Ton ihres Rosaviolett nicht mit den anderen Primeln zu verwechseln sind. Im Engadin tritt sie stellenweise sehr häufig auf. Man findet sie auf humosen, kalkarmen Böden bis zur Furka, die ihre westliche Grenze in der Schweiz darstellt. 600 km weiter westlich, in den Pyrenäen, findet sie sich aber seltsamerweise wieder ein.

Wenn die Pracht der Primeln verblüht ist, beginnt die *Spinnweb-Hauswurz* (Sempervivum arachnoideum) ihre dicken, runden Knospen zu öffnen. Wie kleine Schuppensäulen schoben sich bereits seit einiger Zeit die Blütenstiele aus den dichten Kissen der Blattrosetten. An diesen halbkugeligen Rosetten, gebildet von fleischigen Blättern, kann man die Spinnweb-Hauswurz leicht erkennen: sie scheinen von einem dichten Spinnwebgewirr übersponnen zu sein. Doch ist dies keinesfalls das Werk irgendwelcher Spinnen. Die Rosettenblätter der Pflanze scheiden ein Sekret aus, das zu weißlichen Fäden erstarrt und wie Spinnengewebe die Blätter überzieht.

Die blühende Spinnweb-Hauswurz zählt zu den prächtigsten Alpenpflanzen. Ihre dekorative Erscheinung fängt den Blick, und die Blütensterne, die in dichten Büscheln auf den Schuppensäulen der Blattstiele sitzen, wirken besonders stark durch ihre kräftige karminrosa Färbung. Die den Blütentrieb aussendende Rosette stirbt nach der Fruchtreife ab. Für die Pflanze ist dies kein großer Verlust, denn sie sorgt beizeiten für Nachwuchs, indem sie um die Hauptrosette Seitentriebe aussendet, so daß allmählich ein Kissen aus fadenübersponnenen Rosetten und Rosettchen entsteht. – Die Spinnweb-Hauswurz besiedelt Felsen der oberen Schneegrenze ebenso wie trockene, heiße Steppenwiesen, allerdings in verschiedenen Rassen, und ist in den Alpen, den Pyrenäen und im Apennin daheim. Wo sich ihr Lebens-

41 Rispen-Eisenhut (Aconitum paniculatum)
Familie: Hahnenfußgewächse (Ranunculaceae)
Text: Seite 107

gebiet mit jenen anderer Hauswurz-Arten trifft, bildet sie oft Bastarde, besonders mit der Dach-Hauswurz (Sempervivum tectorum) und der Berg-Hauswurz (Sempervivum montanum).

Von den etwa 40 Steinbrech-Arten des Alpengebietes sind mehrere in den alpinen Felsengebieten beheimatet. Von ihnen seien hier vor allem zwei erwähnt: der *Gefurchte Steinbrech* (Saxifraga exarata) und der *Moos-Steinbrech* (Saxifraga bryoides), die beide kalkarmes Gestein besiedeln. Den Gefurchten Steinbrech findet man oft neben der Spinnweb-Hauswurz auf Felsen der alpinen Zone. Bezeichnend sind seine geteilten, 3- bis 5spaltigen, gefurchten Laubblätter. Seine Blüten sind gelblichgrün. Er ist eine europäisch-westasiatische Gebirgspflanze. Sehr leicht ist er mit dem *Moschus-Steinbrech* (Saxifraga moschata) zu verwechseln, der aber im Gegensatz zu ihm nur auf basischen Böden vorkommt. Beide bilden in Felsspalten, auch auf Feinschutt, lockere Polsterrasen. Am Finsteraarhorn findet man den Moschus-Steinbrech noch in einer Höhe von 4000 m! –

Der *Moos-Steinbrech* tritt in den Zentral- und Südalpen zwischen 1800 und 3200 m auf, besiedelt ebenfalls Felsspalten, findet sich aber auch auf Alpenrasen ein. Er bildet aus den Rosetten seiner kleinen, schmalen Blättchen moosähnliche, flache Polster, die er von Juli bis August mit cremefarbenen, duftenden Blütchen besetzt, deren Blütenblätter je einen gelben Punkt aufweisen. – Er ist eine mittel- und südeuropäische Pflanze.

Das *Stengellose Leimkraut* (Silene acaulis) ist eine typische, häufige Polsterpflanze der alpinen Zone, die auf Bergkämmen ebenso daheim ist, wie auf Schutthalden bis gegen die subalpine Zone hinab. Im frühen Frühjahr bedeckt es bereits seine dichten Polster aus nadelartigen Blättchen mit unzähligen kleinen, starkrosa Blüten, die von den ersten Schmetterlingen eifrig besucht werden. Als arktisch-alpine Pflanze hat es ein recht weites Verbreitungsgebiet.

Neben dem Stengellosen Leimkraut kommt auch die kleine *Faltenlilie* (Lloydia serotina) auf Urgesteins-Felsfluren vor. Manchmal sitzen ihre kleinen Zwiebelchen in den dichten Polstern des Stengellosen Leimkrautes. Sie

42 Gelber Eisenhut (Aconitum lycoctonum)
Familie: Hahnenfußgewächse (Ranunculaceae)
Text: Seite 107

43 Alpen-Akelei (Aquilegia alpina)
Familie: Hahnenfußgewächse (Ranunculaceae)
Text: Seite 57

ist ein zierliches Gewächs mit grasartigen Blättern und zarten, weißlichen Lilienblüten, die auf den Innenseiten der Blütenblätter je drei feine rote Streifen aufweisen. Trotz ihrer Zartheit ist sie ein kleiner Pionier; im Monte-Rosa-Gebiet wurde sie in Höhen bis zu 3100 m gefunden!

Als letzte Bewohnerin der alpinen Felsengebiete sei die *Schwarze Edelraute* (Artemisia genipi) erwähnt. In ihrem Äußeren ist sie fast ein Gegensatz zur zarten Faltenlilie: graufilzig, mit kleinen, dichten, gelblichen Blütenköpfchen. Aber sie kommt ebenfalls in großen Höhen bis 3000 m vor, und sie ist recht selten. Typisch für sie sind ihre anfangs nickenden Ähren, die sich jedoch allmählich strecken. Eigentümlich ist ihr – und ihren nächsten Verwandten – ein starker, aromatischer Duft. Sie hat den Ruf einer außerordentlichen Heilpflanze und genießt auch heute noch bei der Alpenbevölkerung großes Ansehen.

Um den Gesteinsfluren dieser Zone auch nur einigermaßen gerecht zu werden, müßte noch auf eine ganze Reihe Blütenpflanzen eingegangen werden. Um im gebotenen Rahmen zu bleiben, wurde eine charakteristische Auswahl zusammengestellt. In manchem folgenden Kapitel wird das Gebotene, im Verhältnis zur natürlichen Fülle der beschriebenen Lebensräume, noch mehr Einschränkungen erfahren müssen.

BLUMEN DER SCHUTT- UND GERÖLLHALDEN

Wahrscheinlich wird den Schutt- und Geröllhalden unserer Gebirge allgemein noch weniger Beachtung geschenkt, als den oberen Felsregionen. Wer wird schon diese Ansammlungen von Steinen und Felsbrocken freiwillig aufsuchen, die von den Felsen darüber allmählich abgebrochen, abgebröckelt, über den Hang herabgeschüttet worden sind und nun einen gar öden Anblick bieten. Ein Botaniker wird dies ganz bestimmt tun! Wohl ist manche Schutthalde tatsächlich steril und fast ohne Pflanzenwuchs. Aber andere sind Paradiese zahlreicher und oft seltener Alpenpflanzen.

Steine, nur Steine, wenn man sie aus der Ferne sieht. Oben, in den Klüften

44 Gelber Mohn (Papaver aurantiacum)
Familie: Mohngewächse (Papaveraceae)
Text: Seite 52

45 Rundblättriges Täschelkraut
(Thlaspi rotundifolium)
Familie: Kreuzblütler (Cruciferae)
Text: Seite 52

und Spalten der Felsen noch Schnee, überpudert vom Gesteinsstaub, den der oft heftige Wind aus Ritzen und wer weiß woher holte. Und wenn man mitten in der Halde steht, hat man auch rundum Felsbrocken und Gestein vor den Augen, seltsam geformt, vielfach geädert, in bunte Felder geteilt, von abstrakten Mustern bedeckt, aber man sieht auch: überall dazwischen grünt und blüht es! Auch hier ist die Pflanze im Vormarsch, oftmals durch Schmelzwässer oder außergewöhnliche Lawinenabgänge gestört. Immer wieder rollt im Frühjahr ein lockerer Brocken über Hornkraut und Hahnenfuß und deckt sie zu; beginnt ein Stück des Steinfeldes zu wandern. Auf der Geröll- oder Schutthalde kann keine Pflanze Fuß fassen, der solche Ereignisse das Schicksal besiegeln können. Sie müssen «beweglich» sein, natürlich auf eine der Pflanze möglichen Weise. Ihnen stehen manche Möglichkeiten dazu offen. Viele verzweigen sich durch oft meterlange Triebe oder durch knospenbesetzte Rhizome. Wird die grünende Pflanze verschüttet, schlagen die Knospen aus und bilden neue Pflänzchen. Abgerissene, fortgespülte Stückchen von Polsterpflanzen entwickeln oft erstaunlich schnell reichlich Wurzeln in einem Minimum von Humus. Sie alle überspinnen und durchflechten die losen Steine in ihrer kurzen aktiven Zeit zwischen abebbender Schneeschmelze und wiedereinbrechendem Winter und behaupten sich in ihrer labilen Lebenswelt. Eine Kostbarkeit dieser Flora ist der *Himmelsherold* (Eritrichium nanum). Die Pflanze hält, was ihr Name verspricht: Sie ist ungewöhnlich. Wer den Himmelsherold das erstemal sieht, mag ihn auf den ersten, flüchtigen Blick für eine Vergißmeinnicht-Art halten. Er blüht dunkelvergißmeinnichtblau. Doch er ist kein Vergißmeinnicht: Kleine, rosettig gehäufte Blätter bilden ein flaches Polster – seine kräftige Pfahlwurzel sieht man nicht –, die himmelblauen, vergißmeinnicht-ähnlichen Blüten sitzen knapp über dem Polster, denn die Blütenstiele sind sehr kurz. Seine Blüten weisen je 5 goldgelbe Schuppen am Blütenschlund auf und sie duften! Er ist eine kleine, recht seltene Kostbarkeit, obwohl seine Gattung in fast 30 Arten über die Alpen, die Gebirge Asiens und Nordamerikas verbreitet ist.

In seiner Gesellschaft findet man oft den *Gletscher-* oder *Alpen-Mannsschild* (Androsace alpina). Zur gleichen Zeit wie der Himmelsherold, Juli bis August, überschüttet er seine lockeren, oft recht ausgedehnten Polster mit zahllosen weißen bis rosaroten Blütchen. Die Einsamkeit der großen Höhe,

wo er zwischen den Felsen im losen Schutt wurzelt, unterstreicht noch seine Lieblichkeit.

Oft ist der *Gletscher-Hahnenfuß* (Ranunculus glacialis) der Dritte im Bunde. Seine Pflanze ist sehr kräftig, bis 15 cm hoch, mit fleischigen, roten Stengeln und großen, gefiederten Blättern. Er blüht in herrlichen weißen bis dunkelrosa Blütenschalen. In der kahlen Einöde auf seine üppigen Blütensträuße zu stoßen, ist eine wahre Freude! Er steigt von allen Blütenpflanzen am höchsten hinauf: bis 4275 m, auf den Gipfel des Finsteraarhornes! – Er ist eine arktisch-alpine Gebirgspflanze.

Ein reizendes, nicht eben häufiges Pflänzchen, das gelegentlich bis 1800 m hinuntersteigt, ist die *Zwerg-Schafgarbe* (Achillea nana). Sie wird nur 5

46 Alpen-Gemskresse (Hutchinsia alpina), Familie: Kreuzblütler (Cruciferae) Text: Seite 55

47 Immergrünes Hungerblümchen (Draba aizoides) Familie: Kreuzblütler (Cruciferae) Text: Seite 55

bis 10 cm hoch, ist dicht wollig behaart und strömt einen starken, aromatischen Duft aus. Nahe verwandt ist mit ihr die *Bisam-Schafgarbe* (Achillea moschata), die, ebenfalls kalkfliehend, auf Geröll, in Felsspalten, aber auch im alpinen Rasen anzutreffen ist. Auf Kalk kommt die *Schwarze Schafgarbe* (Achillea atrata) vor. Im Gegensatz zur Zwerg-Schafgarbe sind die beiden anderen alpinen Arten nicht wollig behaart.

Dichte, leuchtend gelbe Blumensträuße sind die blühenden Pflanzen der *Clusius' Gemswurz* (Doronicum clusii) in den Urgesteins-Schutthalden. Sie und ihre kalkliebende, ihr sehr ähnliche Verwandte, die *Großblütige Gemswurz* (Doronicum grandiflorum) werden oft mit Arnika verwechselt, obwohl diese deutlich orangegelbe Blüten und gegenständige Blätter, die Gemswurz dagegen wechselständige Blätter und starkgelbe Blüten besitzt. Beide Gemswurz-Arten sind mittel- und südeuropäische Gebirgspflanzen; sie haben nahe Verwandte in Asien.

Das *Graue Kreuzkraut* (Senecio incanus) blüht vom Juli an über seinen zierlichen, tiefeingeschnittenen, silbergrünen Blättern in intensiv gelben Blüten. Jeder Blütenstengel trägt mehrere, dicht aneinander sitzende Kompositenblüten. Wenn die Pflanze auch nur bis 10 cm hoch wird, belebt sie doch mit ihren leuchtenden Blüten ihre steinige Welt. Das Graue Kreuzkraut findet sich auch im Alpenrasen ein und ist westalpin. Dagegen hat das *Krainer Kreuzkraut* (Senecio carniolicus) den Schwerpunkt seiner Verbrei-

48 Brillenschötchen (Biscutella levigata)
Familie: Kreuzblütler (Cruciferae)
Text: Seite 55

tung im ostalpinen Raum und kommt in der Schweiz nur östlich des Gotthards vor. Es ist dem Grauen Kreuzkraut sehr ähnlich, ist jedoch an den Blättern leicht zu erkennen, die wesentlich weniger tief eingeschnitten sind. Der bis 30 cm hohe *Filzige Drüsengriffel* oder *Filzige Alpendost* (Adenostyles leucophylla) findet sich, wenn auch nicht sehr häufig, auf Urgesteinschutt bis in Höhen von fast 3000 m ein! Sein Name verweist einesteils auf den dichten Filzbelag auf den Unterseiten der Blätter, andererseits auf die drüsenartigen Köpfchen an den Griffeln seiner rosaroten, dicht beisammen stehenden Blüten. Er ist in den Westalpen endemisch, das heißt lediglich in den Westalpen anzutreffen.

Wir wenden uns nun noch kurz den Moränen zu, die wohl ähnliche Lebensbedingungen wie die Schutthalden aufweisen, zusätzlich jedoch noch die tiefe Temperatur der Eisnähe und die ständige Nässe des Schmelzwassers bieten. Namentlich zwei Blütenpflanzen finden sich hier ein: der wunderschöne *Gegenblättrige Steinbrech* (Saxifraga oppositifolia) und der Zweiblütige Steinbrech. Außerhalb der Blütezeit ist der Gegenblättrige Steinbrech ein sehr zierliches Pflänzchen, das mit seinen Ranken lockere, flache Polster bildet. Seine gegenständigen Blätter sind nur wenige Millimeter klein, schmal und dunkel-graugrün. Ein völlig anderes Bild vermittelt er zur Zeit der Blüte. Seine verhältnismäßig großen, weinroten Blüten sitzen wie aufrechte Glöckchen im stumpfen Grün der kleinen Laubblätter und bieten einen zauberhaften Anblick in der öden, pflanzenarmen Sand- und Steinwelt. Erfreulich ist, daß der Gegenblättrige Steinbrech recht verbreitet ist, man findet ihn auch am Rande hochgelegener Schneefelder, doch blüht er knapp nach der einsetzenden Schneeschmelze. Er ist eine arktisch-alpine Art, ist also in den Alpen und in der Arktis verbreitet. Der *Zweiblütige Steinbrech* (Saxifraga biflora) teilt mit ihm die Vorliebe für Nässe und tiefe Temperaturen, doch ist er kalkliebend, während der Gegenblättrige Steinbrech bodenvag, indifferent in seinen Bodenansprüchen ist. Seine Laubblätter sind sehr klein, seine flachen Polster locker und seine Blüten etwa so groß wie die der anderen Art, jedoch weiß, in einer Unterart karmin.

49 Alpen-Fetthenne (Sedum alpestre)
Familie: Dickblattgewächse (Crassulaceae)
Text: Seite 52

50 Scharfer Mauerpfeffer (Sedum acre)
Familie: Dickblattgewächse (Crassulaceae)
Text: Seite 96

Gelegentlich können wir auf den Moränen auch die *Alpen-Fetthenne* oder den Alpen-Mauerpfeffer (Sedum alpestre) finden. Sie ist ein ausdauerndes, lockere Rasen bildendes Pflänzchen mit kleinen, dicken Blättern und kurz gestielten, hellgelben, auch rot-gefleckten Blüten. Die Alpen-Fetthenne besiedelt Silikatgestein und ist in den Zentralalpen stellenweise nicht selten, bis in Höhen von 3000 m.

Sehr reich ist die Flora auf Kalkschutt. Früh, bald nach der Schneeschmelze, erscheinen die duftenden, hellvioletten Blütendolden des *Rundblättrigen Täschelkrautes* (Thlaspi rotundifolium). Sie sind ein Schmuck für die graue Steinwelt! Die Pflanze bildet oft ausgedehnte Bestände, findet sich selbst in Höhen von über 3000 m ein und steigt bis in die subalpine Zone hinab. Ihre Pfahlwurzel greift tief zwischen den Schutt hinab und die langen Triebe verflechten das Geröll. Das Rundblättrige Täschelkraut ist über die Alpen verbreitet, gilt jedoch in gewissen Gebieten als seltene Pflanze.

In seiner Gesellschaft kann man in Graubünden den *Gelben Mohn* (Papaver aurantiacum) finden; er wird auch Rätischer Mohn genannt. Seine Blüten sind wohl kurzlebig aber von leuchtender Schönheit! Im Laufe des Erblühens strecken sich die nickenden, behaarten Knospen allmählich, öffnen sich, geben die zerknitterten, goldgelben Blütenblätter frei, die sich in kurzer Zeit glätten und die Goldschalen der Blüten formen. An manchen Orten bildet der Gelbe Mohn leuchtende Blumenbeete, deren Blüten im leisesten Windhauch schwanken. – Er ist eine mittel- und südeuropäische Gebirgspflanze. Sein naher Verwandter, der *Alpen-Mohn* (Papaver alpinum), ist ebenfalls kalkliebend wie er, blüht jedoch weiß und ist in den nördlichen Kalkalpen daheim. Während der Gelbe Mohn als westliche Art angesprochen werden muß, ist der weiße Alpen-Mohn über die östlichen Teile der mitteleuropäischen Gebirge verbreitet.

Von großer Lieblichkeit ist die *Mont-Cenis-Glockenblume* (Campanula cenisia). In ihrer blütenlosen Zeit überspinnt das Pflänzchen den Kalkschutt in der Nähe der Schneegrenze mit Girlanden kleiner Blattrosetten, in die sie im Juli, August zarte, hell-violettblaue Glöckchen setzt, die aufrecht stehen und sternförmig ausgebreitet sind. Von allen Glockenblumen lebt sie in weitaus größter Höhe. Ihr Vorkommen ist auf die Westalpen beschränkt.

Ein ebenfalls sehr zierliches, aber weit verbreitetes Pflänzchen ist das *Alpen-Leinkraut* (Linaria alpina). Seine kleinen, violett-orangegelben Blüten, die lockere, reiche Trauben bilden, erinnern unweigerlich an die Löwenmäulchen unserer Gärten, mit denen es auch nahe verwandt ist. Durch seine starken Farben belebt es seine steinige Welt und ist nicht zu übersehen. Neben Pflanzen mit violetter Blütenkrone und orangegelbem Gaumen findet man auch einfarbig violette. Es kommt bis in Höhen von 4000 m vor und wird mit dem Kies der Alpenflüsse mitunter auch in tiefe Lagen hinuntergeschwemmt. – Es ist eine mittel- und südeuropäische Gebirgspflanze.

Das *Breitblättrige Hornkraut* (Cerastium latifolium) setzt oft dichte, weiße Blütensträuße neben das Violett des Alpen-Leinkrautes und die hellblauen Mont-Cenis-Glockenblumen. Es besitzt als Schuttbewohner ein sehr ausgedehntes Wurzelwerk, mit dem es das lockere Gestein durchflicht. Es kommt in den Hochalpen vor und wird ebenfalls durch Gebirgsbäche in tiefere Lagen hinabgetragen. Ihm steht das *Einblütige Hornkraut* (Cerastium uniflorum) sehr nahe, das jedoch kalkarmes Gestein bewohnt. Es dehnt seinen Lebensraum von den alpinen Hornkräutern am meisten gegen die hohen Gipfel zu aus und kommt nicht selten bis in Höhen von 3000 m vor. Das Breitblättrige Hornkraut ist im mittel- und südeuropäischen Gebirgsraum beheimatet, das Einblütige ist eine ostalpine Pflanze.

Auch die weißblühende *Frühlingsmiere* (Minuartia verna) findet sich mitunter in dieser Pflanzengesellschaft ein, man trifft sie aber auch auf Alpenweiden an. Sie hat als eurosibirische Gebirgspflanze ein weites Verbreitungsgebiet.

Dagegen ist der *Berg-Löwenzahn* (Leontodon montanus) nicht zu übersehen, namentlich, wenn er mit seinen gelben Blütenköpfen leuchtet. Bezeichnend für ihn sind unter anderem der stets kurze Stengel und die dunkel-zottig behaarten Hüllblätter seiner Blüten. Er ist in den Alpen endemisch!

In seiner Gesellschaft trifft man mitunter auch den *Herzblatt-Hahnenfuß* (Ranunculus parnassifolius) an. Seine weißen, schalenartigen Blüten sitzen dicht über den herzförmigen, behaarten Blättern. Er kommt in den Nordalpen und in Graubünden vor, zwischen 2000 und 3000 m, und ist eine mittel- und südeuropäische Gebirgspflanze.

Auch der *Alpen-Hahnenfuß* (Ranunculus alpestris) stellt sich manchmal in diese Pflanzengruppe. Er blüht ebenfalls weiß, unterscheidet sich von der

51 Gelbe Hauswürz (Sempervivum wulfenii)
Familie: Dickblattgewächse (Crassulaceae)
Text: Seite 72

52 Spinnweb-Hauswurz
(Sempervivum arachnoideum)
Familie: Dickblattgewächse (Crassulaceae)
Text: Seite 40

vorgenannten Art jedoch auf den ersten Blick durch die wohl kleinen, aber handförmig geteilten Blätter.

Zierlich gelb blüht das *Immergrüne Hungerblümchen* (Draba aizoides). In manchen Gegenden wird es im Volksmund Goldkissen genannt; der Name ist für den Anblick, den es bietet, durchaus bezeichnend. Es blüht bald nach der Schneeschmelze und besitzt von den 18 in den Alpen vorkommenden Draba-Arten das weiteste Verbreitungsgebiet, ist zwischen 1400 und 3000 m daheim und kommt in mittel- und südeuropäischen Gebirgen vor. Mit dem Hungerblümchen verwandt ist das ebenfalls gelb blühende, sehr häufige *Brillenschötchen* (Biscutella levigata), das keinerlei «Höhenschranken» kennt, in der Ebene ebenso anzutreffen ist, wie knapp unter der Schneegrenze. Oft findet es sich auf Schutt und Geröll ein, denn sein Wurzelgeflecht ist außerordentlich reich verzweigt und verholzt sehr rasch. Sein Name nimmt auf die brillenähnlichen Schötchen-Früchte Bezug.

Häufig und vermutlich allgemein bekannt ist die *Alpen-Gemskresse* (Hutchinsia alpina). Ihre Blüte ähnelt, bis auf die weiße Färbung, dem rosa

53 Berg-Hauswurz (Sempervivum montanum)
Familie: Dickblattgewächse (Crassulaceae)
Text: Seite 72

blühenden Rundblättrigen Täschelkraut, in dessen Familie sie auch zu stellen und in dessen Gesellschaft sie oft anzutreffen ist. Sie ist über mittel- und südeuropäische Gebirge verbreitet.

Die *Kriechende Nelkenwurz* (Sieversia reptans) ist oft ein Einzelgänger auf kalkreichen, aber auch auf kalkarmen Geröllhalden. Daß sie eine ganze Menge Volksnamen hat ist nicht verwunderlich, denn ihre leuchtend gelben, großen Blüten sind nicht zu übersehen. Zum Schuttbewohner ist sie durch ihre oft meterlangen Seitentriebe geradezu prädestiniert, denn sie bewurzeln sich, wo immer sie nur ein wenig Boden finden. Ebenso auffallend wie ihre Blüten sind ihre Fruchtschöpfe, die gedrehten Pinseln ähneln, und die ihr einen weiteren gebräuchlichen Namen: Gletscher-Petersbart, eingebracht haben. Sie bestehen aus den verlängerten, federhaarigen Griffeln der Früchtchen, die, sobald der «Schopf» nicht mehr fest sitzt, vom Wind vertragen werden.

Mitunter findet sich auf den Kalk-Schutthalden eine sehr schöne, eine fast königlich wirkende Pflanze mit herrlichen, großen, blauen Blüten ein:

die *Alpen-Akelei* (Aquilegia alpina). Ich glaube, jeder, der auch nur ein wenig Freude an natürlicher Schönheit empfinden kann, muß von ihrer Erscheinung entzückt sein! Wohl ähneln ihre Blüten jenen der verbreiteten, gewöhnlichen Akelei (Aquilegia vulgaris), doch wirken sie durch ihre Größe, ihre Bläue, durch die lockere Gestalt der ganzen hohen und dennoch zierlichen Pflanze auf eine unvergleichliche Weise. Man trifft sie nicht oft und an sehr unterschiedlichen Orten an; auch im Grün-Erlengehölz, zwischen Alpenrosen, selbst im Alpenrasen. Sie ist selten und sie hat ein nur kleines Verbreitungsgebiet: sie ist in den Alpen endemisch! Neben ihrer Schönheit sind das gute Gründe, sie unter unseren besonderen Schutz zu stellen.

SCHNEETÄLCHEN

Unter Schneetälchen versteht man jene Mulden, von Felsen oder Rasen umgeben, in denen der Schnee besonders lange liegen bleibt und Schmelzwasser und Regen langsam versickern müssen, weil jede Abflußmöglichkeit fehlt. In diesen Mulden findet sich eine ganz spezielle Pflanzengesellschaft zusammen, gemäß den ungewöhnlichen Lebensbedingungen, die diese Schneetälchen bieten. Da der Schnee hier erst im Juli oder noch später schmilzt, ergibt sich eine sehr kurze Vegetationsdauer von 6 bis 8 Wochen. Es können sich hier nur Pflanzen ansiedeln, die es fertig bringen, in dieser Rekordzeit zu wachsen, zu blühen und Samen auszureifen. Es ist daher auch nicht erstaunlich, daß die hier heimisch gewordenen Pflanzen samt und sonders auf lange Blütenstiele und hochschießendes Kraut verzichten; dazu reicht es einfach nicht. Eine weitere Spezialität der Schneetälchen ist der oft lange anhaltende Feuchtigkeitsüberschuß. Davon werden Pflanzen angezogen, die man sonst an Alpenbächen findet. Hergewehter und angeschwemmter Staub lagert sich ab und fördert die Humusbildung. Deshalb wieder finden wir in den Schneetälchen vor allem bodenvage und kalkfliehende Pflanzen, selbst in Kalkgebieten, denn durch die relativ starke Humusschicht kommt das Kalkgestein hier viel weniger zur Wirkung.

Zum Großteil werden die Schneetälchen von recht unscheinbar blühenden aber dennoch interessanten Pflanzen bewohnt. Dazu zählt vor allem die *Krautige Gletscherweide* (Salix herbacea), die der kleinste Baum unserer Erde ist! Allerdings keiner mit aufrechtem Stamm, wie schon ihr Name sagt. Zweige und Äste schmiegen sich eng dem Boden an, durchziehen ihn, setzen kleine Weidenblätter an und weibliche und männliche Blüten.

Der *Fünfblättrige Frauenmantel* (Alchemilla pentaphyllea) mit seinen tief-

54 Silberwurz (Dryas octopetala)
Familie: Rosenblütler (Rosaceae)
Text: Seite 86

55 Kriechende Nelkenwurz (Sieversia reptans)
Familie: Rosenblütler (Rosaceae)
Text: Seite 56

geteilten Blättern ist auch keine großartige Blütenpflanze. Er blüht recht unscheinbar und pflanzt sich außerdem noch durch viele Ausläufer fort, die sich in gewissen Abständen bewurzeln. Aber er ist eine sehr alte Pflanze und ist in den Alpen endemisch.

Zierliche, weiße Blüten setzt dagegen das *Dreigriffelige Hornkraut* (Cerastium cerastioides) in das Grün der Schneetälchen. Es ist ein arktisch-alpines Pflänzchen.

Für den Blauton sorgt der *Alpen-Ehrenpreis* (Veronica alpina). Immerhin hebt er seine blauen Blütchen bis 15 cm hinauf.

Nicht zu übersehen ist der *Alpen-Löwenzahn* (Taraxacum palustre ssp. alpinum). Er setzt in die farbstillen Mulden sein sattes Löwenzahngelb. Vom Löwenzahn der Ebene unterscheidet er sich in einigem, doch ist ihm die Verwandtschaft unschwer anzusehen.

In den Ostalpen geben zwei farbenfrohe Blütenpflanzen – besser: Pflänzchen – stellenweise den Ton an: die *Ganzblättrige Primel* (Primula integrifolia), die auch den feuchten alpinen Rasen mit ihren vielen, großen, mattvioletten Primelblüten besetzt, und das *Kleine Alpenglöckchen* (Soldanella pusilla). Oft bedeckt eine ganze Schar dieser kleinen, violetten Glöckchen den Boden eines Schneetälchens. Es lohnt, einmal ein solches Alpenglöckchen nahe zu betrachten, zu staunen über dieses kleine Gebilde aus zartem, violettem, lebendigem Stoff. Seine Rosettenblättchen sind immergrün, sie vermögen auch unterm Schnee zu assimilieren und schon im Winter den Frühling und Sommer vorzubereiten. Manchmal bahnen sich die Blütenstiele den Weg durch letzte Schneereste, dann blüht das Kleine Alpenglöcklein violett über dem Weiß des Schnees. – In den Alpen sind vier Soldanellen-Arten daheim, Soldanella pusilla steigt von allen am höchsten hinauf, im Wallis über 3000 m! Die Alpenglöckchen haben eine Menge Volksnamen, die allerdings die botanischen Arten nicht unterscheiden. Am häufigsten werden wir in den Alpen das *Echte Alpenglöckchen* (Soldanella alpina) antreffen, auf feuchten Matten und Weiden, auf basischen und

neutralen Böden. Während das Kleine Alpenglöckchen längliche Glockenblüten trägt, höchstens zwei an einem Stengel, sind die Blüten von Soldanella alpina offener, einem zierlichen Trichter ähnlich, mit tief eingeschnittenen Rändern. Beide sind über die mittel- und südeuropäischen Gebirge verbreitet. Die zierlichste Soldanelle, das *Kleinste Alpenglöckchen* (Soldanella minima), kommt auf kalkreichen, feuchten Böden, auch in Felsritzen vor und ist in den südlichen Kalkalpen daheim. In der Form ähneln seine kleinen Blüten jenen der Schneetälchen-Soldanellen, doch ist ihre Farbe sehr hell, zartlila bis weiß, und innen sind die Glöckchen violett gestreift.

ALPENMATTEN

Unsere Alpenmatten sind Rasenflächen, an vielen Orten sieht man ihnen an, daß sie Felsen, Brocken und Schutt wie ein Fell überwachsen, und im Frühling und Sommer sind sie bunt durchblüht. Jeder botanisch aufmerksame Bergwanderer aber weiß aus eigener Anschauung, wie vielgesichtig diese durchblühten Matten sind. Das zeigt sich bereits im Frühling, wo ein Hang getupft ist vom Gold der Schwefel-Anemonen (Anemone sulphurea), keine Viertelstunde weiter kann der Boden violett durch Primelblüten sein. Noch viel mehr im Sommer: Beete des Alpen-Stiefmütterchens (Viola calcarata), wie vom Gärtner angepflanzt, raffiniert kontrastierend mit dem Gelb der Berg-Nelkenwurz (Sieversia montana); violette Alpen-Astern (Aster alpinus), rosaroter Alpenklee (Trifolium alpinum) und zarte Glokkenblumen (Campanula scheuchzeri); ein Hang durchblüht von den dunklen Schöpfen des Männertreu (Nigritella nigra) und den Kerzen der duftenden Händelwurz (Gymnadenia odorotissima). Oder man bleibt stehen und beschattet die Augen und weiß nicht, was man von dem sich bietenden Bild halten soll: Ein Rasenstück, in dem gelbblühende Kaktuswalzen zu sitzen scheinen, eine ganze Schar! Im Näherkommen erkennt man sie bald: Strauß-Glockenblumen (Campanula thyrsoides)! – Nicht aufzuzählen, wie vielfältig unsere Alpenmatten sind! Und an all dieser Pracht fahren täglich wer weiß wie viele Autos vorbei, rasch hinauf zum Paß, drüben wieder hinunter . . .

Diese Vielgesichtigkeit der Alpenmatten ist nicht das Ergebnis eines Zufalls, sondern des schon oft erwähnten Wechselspiels zwischen dem Komplex der örtlichen Gegebenheiten und den Pflanzen, der wechselwirkenden Beeinflussung der Pflanzen untereinander und anderem mehr.

Eine Situation für sich ist hier der Bergfrühling. Kaum beginnt der Schnee zu weichen, öffnet die *Pelzanemone* (Anemone vernalis) ihre großen Blüten.

56 Kriechende Nelkenwurz (Sieversia reptans),
Fruchtstände.
Familie: Rosenblütler (Rosaceae)
Text: Seite 56

Während Föhnstürme überall den Schnee schmelzen lassen, Lawinen zu Tal donnern und Schmelzwässer rieseln, gluckern oder tosen, sitzen knapp überm nassen, fahlen Braun vorjähriger, plattgewalzter Gräser und Blätter schon die weißen Anemonen-Glocken und künden vom Frühling. Bei voller Sonne breiten sie ihr strahlendes Weiß aus, das von den Staubgefäßen goldgelb gefüllt ist. Außen sind die Blütenblätter violett überhaucht und dicht behaart. Wer ihre Plätze erst etwas später besucht, findet von ihnen nur mehr braune, goldgetönte Reste oder, noch später, die wirren Schöpfe der Fruchtstände. – Die Pelzanemone ist kalkfliehend, ist in der alpinen und subalpinen Zone daheim, über nördliche und nordöstliche Ebenen und von den Pyrenäen bis zu den Karpaten verbreitet.

Zur gleichen Zeit erscheint, oft gemeinsam mit ihr, das *Echte Alpenglöckchen* (Soldanella alpina) und überzieht den nassen, braunen Boden mit dem feinen Violett seiner Glöckchen.

Allmählich öffnet nun auch der *Pyrenäen-Hahnenfuß* (Ranunculus pyrenaeus) seine leuchtend weißen Blüten, die von schmalen, grasähnlichen

Blättern umstanden sind. Er kommt bis in Höhen von über 3000 m vor und steigt auch gelegentlich, nicht sehr oft, bis 1700 m hinab. Verbreitet ist er nur über westliche Teile der mittel- und südeuropäischen Gebirge.

Auch die *Schwefel-Anemone* (Anemone sulphurea = Pulsatilla sulphurea) meidet jeden Kalkboden. Sie beginnt ihre großen, schwefelgelben Blüten zu öffnen, wenn die Pelzanemone schon stark am Verblühen ist. Ihre kräftigen, oft mit vielen Blüten besetzten Pflanzen gleichen leuchtenden Blumensträußen. Allgemein bekannt sind ihre Fruchtstände, zerzauste Schöpfe, auf die auch eine Reihe Volksnamen Bezug nimmt. Auf Kalkgestein wird die Schwefel-Anemone von einer weißblühenden Unterart vertreten. Die gelbe Schwefel-Anemone kommt in Europa nur in den Alpen und in den Pyrenäen vor, während sich ihre weißblühende Schwester weiter verbreitet hat, mitunter jedoch soll auch sie auf Urgestein überwechseln.

Bald nach der Schneeschmelze öffnet auch der *Alpen-Gelbstern* oder Röhrenblättrige Gelbstern (Gagea fistulosa), ein kleines Liliengewächs, seine gelben Blüten. Allerdings sind sie nur bei Sonnenschein offene, gelbe Sterne. Ist das Wetter trüb, schließt er sie. Der Alpen-Gelbstern verlangt stickstoffreichen Boden und findet sich daher mit Vorliebe in der Umgebung von Sennhütten und auf ähnlichen, vom Weidevieh reichlich gedüngten Plätzen ein. Aus seiner nächsten Verwandtschaft steigt keiner so hoch wie er: im Wallis bis fast 3000 m! Bezeichnend für ihn sind auch die hellgrünen, röhrig-hohlen Blätter.

Durch die Schönheit seiner tiefblauen Blütenglocken ist der *Stengellose Enzian* geradezu zu einem Symbol geworden. Der Dreiklang Edelweiß-Enzian-Alpenrosen personifiziert im Ausland vielfach die Welt der Alpen schlechthin. Die Bezeichnung Stengelloser Enzian ist in der Umgangssprache wohl recht verbreitet, jedoch unterscheiden sich unter den großblütigen, kurzstengeligen Enzianen sehr deutlich etliche Arten. *Kochs Enzian* (Gentiana kochiana) besitzt große, weiche Laubblätter, und das Innere seiner blauen Blütenglocken weist deutlich olivgrüne Flecken auf. Er kommt auf kalkarmen Böden vor, in den Pyrenäen, im Jura, in den Zentralalpen und im Balkan. Die vikariierende, ihn auf Kalkgestein vertretende Art heißt *Clusius' Enzian* (Gentiana clusii). Seine Laubblätter sind schmäler, steifer und spitz, und seiner blauen Blütenglocke fehlen die grünlichen Flecken. Er ist in den Alpen über die äußeren Gebirgsketten verbreitet.

Der «Stengellose» Enzian, noch zur Frühlingsflora zählend, bildet bereits den Übergang zum Bergsommer. In den Bergen gibt es ja keine spürbare Grenze zwischen Frühling und Sommer; indem die eine Jahreszeit abklingt, bricht die andere mit Macht ein und besetzt in kurzer Zeit auch die Alpenmatten mit ihrem Flor.

57 Alpen-Hagrose (Rosa pendulina)
Familie: Rosenblütler (Rosaceae)
Text: Seite 131

Wo der Alpenrasen Kalkgestein überwächst, fallen uns etliche Schmetterlingsblütler auf. Die hellgelben Blütentrauben des *Feld-Spitzkieles* (Oxytropis campestris) sitzen in kleinen Gruppen über seinen gefiederten Blättern beisammen. Seine Pfahlwurzel senkt sich tief in den Boden hinab; dadurch kann er sich auch auf Schutthalden ansiedeln. Der *Berg-Spitzkiel* (Oxytropis montana) besitzt blauviolette Köpfchen und malt somit einen schönen Kontrast neben das Hellgelb seines Verwandten. Auch er besiedelt mitunter Schutthalden, Moränen und Schwemmböden. Er steigt bis 3900 m hinauf und kommt von den Pyrenäen über die Alpen, den Jura und Apennin bis nach Kleinasien vor! Der *Alpen-Tragant* (Astragalus alpinus) ist den beiden Spitzkiel-Arten recht ähnlich, doch sind die «Schiffchen» seiner Blüten stumpf, weiß und rosaviolett gescheckt. Nicht zu verwechseln ist der *Dunkle Süßklee* (Hedysarum hedysaroides) mit seinen prachtvollen großen, purpurroten Blütenrispen. Er ist ein Schmuckstück unserer Alpenmatten. Er und der Berg-Spitzkiel sind arktisch-alpine Arten, von denen man annimmt, daß sie aus Steppengebieten Asiens stammen.

58 Hornklee (Lotus corniculatus)
Familie: Schmetterlingsblütler (Papilionaceae)
Text: Seite 128

59 Süßklee (Hedysarum hedysaroides)
Familie: Schmetterlingsblütler (Papilionaceae)
Text: Seite 63

60 Alpen Wundklee (Anthyllis alpestris)
Familie: Schmetterlingsblütler (Papilionaceae)
Text: Seite 102

61 Alpenklee (Trifolium alpinum)
Familie: Schmetterlingsblütler (Papilionaceae)
Text: Seite 70

62 Berg-Spitzkiel (Oxytropis montana)
Familie: Schmetterlingsblütler (Papilionaceae)
Text: Seite 63

Einen kräftigen gelben Akzent verleiht dieser Gesellschaft von Schmetterlingsblütlern oft das *Alpen-Sonnenröschen* (Helianthemum alpestre), das mit den duftenden Zistrosen des Mittelmeergebietes verwandt ist.

Auch der bekannte *Silbermantel* (Alchemilla conjuncta) findet sich hier oft ein. Die Pflanze ist ausgesprochen kalkliebend. Ihre langgestielten, meist siebenteilig gefingerten, zierlichen Blätter weisen auf den Unterseiten einen silbrig-seidigen Glanz auf. Ihre Blüten sind unscheinbar grünlich. Die vikariierende Art auf Urgestein ist der *Alpen-Frauenmantel* (Alchemilla alpina). Mit dem *Quirlblättrigen Läusekraut* (Pedicularis verticillata) fügt sich eine weitere farbenfrohe Alpenpflanze in diese Pflanzengesellschaft ein. Seine kurze Blütentraube ist matt- bis purpurviolett. Trotz des nicht eben ansprechenden Namens besitzen Läusekräuter durchwegs sehr schöne, oft auffallende Blüten. Eine Besonderheit besitzen sie alle: Sie benötigen, um leben zu können, die Gegenwart gewisser Pflanzen – das Quirlblättrige Läusekraut jene der Seslerie –, von denen sie bestimmte Stoffe beziehen.

Sehr schön sind die Blüten des *Bogenblütigen Läusekrautes* (Pedicularis gyroflexa). Sie sitzen in lockeren Köpfchen beisammen, und fallen durch ihre Größe und schöne rosarote Färbung auf. Diese Läusekraut-Art treffen wir auf kalkhaltigen Weiden, namentlich im Tessin und Wallis. Sie ist eine westalpine Pflanze. Ebenfalls westalpin, also über westliche Teile der Alpen verbreitet, ist *Kerners Läusekraut* (Pedicularis kerneri). Es besiedelt kalkarme, steinige Böden und fällt in dieser kargen Welt durch seine schönen, lang «geschnäbelten», purpurnen Blüten besonders auf.

Nicht vergessen dürfte man die Habichtskräuter (Hieracium-Arten), die mit ihren zitronengelben bis orangeroten Blütenköpfchen den Alpenmatten oft eine besondere Note verleihen. Ihre Blüten ähneln den Löwenzahn-, Pippau- und Ferkelkraut-Arten. In der beschriebenen Pflanzengesellschaft findet sich oft das *Zottige Habichtskraut* (Hieracium villosum) ein, dessen über und über von Wollhaaren besetzte Pflanze weithin sichtbare, zitronengelbe Köpfchen trägt.

Wo der Kalkgestein überwachsende Alpenrasen recht mager ist, können wir, wenn wir Glück haben, das *Zwerg-Knabenkraut* (Chamorchis alpina) finden. Wahrscheinlich ist es weniger selten, als man allgemein meint, denn wer es nicht mit geübtem Blick sucht, übersieht es leicht. Das Pflänzchen ist nur 5 bis 10 cm hoch, der kurze aber kräftige Stengel trägt eine Ähre kleiner, bräunlich-grüner Orchideenblütchen, und oft wird dieser Blütenstand auch noch von den schmalen, grasartigen Blättern überragt. Das Zwerg-Knabenkraut steigt bis in eine Höhe von 2700 m und kommt selten bis 1600 m herab, ist also in eine recht begrenzte Zone eingepaßt. Es ist in europäischen Gebirgen daheim. Wenn wir uns seine spezielle Lebens-

63 Großblütiges Sonnenröschen
(Helianthemum grandiflorum)
Familie: Zistrosengewächse (Cistaceae)
Text: Seite 102

welt vor Augen halten, erstaunt uns auch nicht, daß es ebenso in Finnland, Lappland und Skandinavien anzutreffen ist.

Oft findet man eine andere kleinblütige Orchidee, die *Grüne Hohlzunge* (Coeloglossum viride), in seiner Gesellschaft. Zwar dringt sie nur bis in eine Höhe von 2500 m vor, besiedelt aber dafür auch tiefere Lagen. Seine Orchideenblüten sind mit einer Größe von 10 bis 12 mm gut doppelt so groß als jene des Zwerg-Knabenkrautes! Die auffallende «Lippe» seiner Blüte kann grünlich, aber auch rotlich-braun sein. Auch die Hohlzunge ist eine europäisch-arktische Pflanze.

Wo der Rasen über dem Kalkgestein bereits eine dickere Humusschicht aufweist und somit der Säuregrad des Bodens anzusteigen beginnt, findet sich manchmal die seltsame *Strauß-Glockenblume* (Campanula thyrsoides) ein. Dicht aneinander gedrängt sitzen gelbe Blütenglocken um den steifen, aufrechten Blütenstiel: ein in der Tat merkwürdiges, außerordentliches Bild. Die Straußglockenblume ist nirgends in den Alpen – zwischen 1100 und 2700 m – sehr häufig, doch wo sie auftritt, kann man sie mitunter in kleineren oder größeren lockeren Gruppen sehen. Matten, die stark gedüngt oder, in tieferen Lagen, jährlich gemäht werden, meidet sie offensichtlich. – Sie ist in den östlichen Teilen mittel- und südeuropäischer Gebirge heimisch.

Eine besondere Stellung nimmt das *Edelweiß* (Leontopodium alpinum) ein. Es ist ebenfalls an Kalkboden gebunden, wächst aber keineswegs nur an schroffen Felswänden, wie vielfach angenommen wird. Gemeinsam mit gewissen Gräsern, mit dem *Karpaten-Katzenpfötchen* (Antennaria carpatica) und anderen besiedelt es oft ohne Deckung Sturm, Frost und großen Temperaturschwankungen ausgelieferte Flächen. Seine begehrte weißfilzige «Blüte» ist in Wahrheit ein Blütenstand, der aus mehreren grünlichen und gelb-

64 Wald-Storchenschnabel
(Geranium silvaticum)
Familie: Storchenschnabelgewächse
(Geraniaceae)
Text: Seite 130

65 Zweiblütiges Veilchen (Viola biflora)
Familie: Veilchengewächse (Violaceae)
Text: Seite 120

lichen Einzelblüten besteht, die gemeinsam von 5 bis 12 wolligen, sternförmig angeordneten Hochblättern umgeben sind. Vorzugsweise kommt es zwischen 2000 und 3000 m vor. Die Gattung Leontopodium, der unser Edelweiß zugehört, ist hauptsächlich in Ost- und Mittelasien verbreitet. Nur zwei Arten besiedeln Europa: unser Edelweiß die Gebirge Mitteleuropas von den Karpaten bis zu den Pyrenäen und eine andere Art, Leontopodium nivale, die Abruzzen und Bulgarien.

In seiner Gesellschaft trifft man mitunter die *Alpen-Aster* (Aster alpinus). Mit ihren starken Blütenfarben ist sie ein Schmuckstück unseres Alpenrasens. Ihr prächtiges Blütenköpfchen stellt ebenfalls – wie bei allen Korbblütlern – einen Blütenstand dar: außen der Kranz violetter Zungenblüten, innen die Scheibe aus orangegelben Röhrenblüten. Die Alpen-Aster besitzt ein sehr weitläufiges Heimatgebiet: von Westsibirien bis herüber in unsere mittel- und südeuropäischen Gebirge.

Auch der unauffällige *Kleine Liebstock* (Ligusticum mutellinoides) findet sich oft in sehr rauhen Lebensbereichen ein, doch zieht er meist kalkarmen Boden vor. Seine Blätter sind zierlich gefiedert, die Dolden sitzen auf kurzen Stengeln und setzen sich aus vielen kleinen, weißlichen Blüten zusammen. Sie weisen die Eigenart auf, im Laufe des Blühens rötlich zu werden.

66 Alpen-Stiefmütterchen (Viola calcarata)
Familie: Veilchengewächse (Violaceae)
Text: Seite 74

In diesem Zusammenhang sei hier auch sein nächster Verwandter in den Alpen erwähnt, der *Alpen-Liebstock* (Ligusticum mutellina). Er ist ihm sehr ähnlich, bevorzugt aber tiefere Lagen und etwas feuchten, nährstoffreichen Boden. Er gilt als eine der besten Futterpflanzen des Alpengebietes.

Urgestein überwachsender Alpenrasen enthält naturgemäß wieder andere Pflanzen, die in der Zusammensetzung ihrer Gemeinschaften auch wieder von Fall zu Fall etwas variieren werden.

Die hochgelegenen, dürftigen Alpenrasen über Urgestein – oft stellen sie nur kleine Flächen zwischen Felsen, auf Graten dar – werden manchmal vom *Kurzblättrigen Enzian* (Gentiana brachyphylla) besiedelt. Wenn er blüht, malt er ein wunderbares, starkes Blau in diese karge Welt! Meist sitzen seine Blüten in dichten Gruppen oder Grüppchen beisammen und wirken durch die intensive Farbe schon auf weitere Distanz. Er gehört zu den in größten Höhen vorkommenden Alpenpflanzen; auf dem Matterhorn wurde er in einer Höhe von 4200 m gefunden! In tieferen, subalpinen Lagen wird er vom *Frühlings-Enzian* (Gentiana verna) abgelöst, der ihm sehr ähnlich ist.

Auch *Scheuchzers Glockenblume* (Campanula scheuchzeri) steigt recht hoch – bis 3200 m – hinauf, ist jedoch auch in der subalpinen Zone anzutreffen. Ihre bis 40 cm hohen zarten Stengel tragen eine oder nur wenige der intensiv blauvioletten, weitglockigen Blüten. Sie stellt keine besonderen Ansprüche und ist daher in den Alpen recht weit verbreitet. Streckenweise überzieht sie Geröllhalden mit dem Blau ihrer Glockenblüten, ist auf Weiden, Wiesen und in Hochstaudenfluren, seltener auch im Lärchenwald daheim. Sie ist eine mittel- und südeuropäische Gebirgspflanze.

Den *Alpen-Klee* (Trifolium alpinum) finden wir ebenfalls im kargen Alpenrasen. An den lockeren Blütenköpfen, die sich aus ungewöhnlich großen, zart duftenden rosa Blüten zusammensetzen, ist er leicht zu erkennen. Er kommt zwischen 1000 und 3000 m vor.

Das *Knollige Läusekraut* (Pedicularis tuberosa) setzt oft seine gelben, gedrungenen Blütenstände zwischen das Rosa des Alpen-Klees. Seine hüb-

schen Blüten besitzen besonders lange «Schnäbelchen». – Es ist nur über westliche Teile der mittel- und südeuropäischen Gebirge verbreitet.

Der *Felsen-Ehrenpreis* (Veronica fruticans) ist recht anspruchslos und weit verbreitet. Seine zierlichen Pflanzen bringen wunderschöne azurblaue Blütchen mit roten Schlundringen hervor. Wir finden ihn auf mageren Alpenmatten, ebenso aber auf sonnigen Felsbändern, auf Schutt, in 3000 m Höhe bis hinunter unter 1000 m. Er ist eine arktisch-alpine Pflanze, also über die Alpen und in der Arktis verbreitet.

Der Quendel oder *Feld-Thymian* (Thymus serpyllum) leistet ihm oft auf Magerweiden Gesellschaft und ist ebenfalls sehr weit verbreitet: von der Ebene bis in Höhen von 3000 m! In den größeren Höhen sind seine Blüten intensiver gefärbt und seine kriechenden Stengel gedrungener. Überall ist er eine wahre Insektenweide, von Schmetterlingen, Wespen, Bienen, verschiedenartigen Fliegen und anderem umflogen und besucht. Er stellt eine sehr vielgestaltige, botanisch problematische Pflanze dar. Mit dem echten Thymian der Mittelmeergegenden ist er zwar verwandt, trägt aber den deutschen Namen «Thymian» nicht ganz zu recht.

Das *Sternblütige Hasenohr* (Bupleurum stellatum) weist keine auffällige Blütenfarbe auf, ist aber eine recht merkwürdige Pflanze dieser Gesellschaft. Obwohl man es ihr nicht auf den ersten Blick ansieht, ist sie ein Doldengewächs. Die kleinen Dolden sitzen in Schüsselchen, die aus je 8 bis 12 miteinander verwachsenen Hüllblättern gebildet werden. Außer in den Alpen – zwischen 1700 und 2700 m – kommt es eigenartigerweise auch auf Korsika vor.

Zum schönsten, was der Bergsommer zu verschenken hat, gehört – ich sagte es schon – blühende Hauswurz. Neben der Spinnweb-Hauswurz (Sempervivum arachnoideum), von der bereits die Rede war, gehören Berg-Hauswurz und Dach-Hauswurz zu den bekanntesten Arten. Die Blätter der *Berg-Hauswurz* (Sempervivum montanum) sind grün, dicht drüsig behaart und bilden kugelige Polster. Die schönen, sternförmigen Blüten sind von einem satten Rotviolett. Sie wächst an trockenen Felsen, auf Schutthalden, in kargem Alpenrasen. – Die *Dach-Hauswurz* (Sempervivum tectorum) besitzt dicke, bläulich bewimperte Rosettenblätter, die braunrote, stark zugespitzte Enden aufweisen. Ihr Blütenstand ist oft verzweigt, die Blüten sind mattrot mit purpurroten Staubbeuteln.

Die *Gelbe Hauswurz* (Sempervivum wulfenii) ist in der Schweiz selten. Man findet sie im Engadin, den Gotthard «überspringt» sie, im Saas- und Nikolaital erreicht sie ihre westliche Grenze. Ihre dicken Rosettenblätter sind hell- bis blaugrün und nur an den Rändern drüsig bewimpert. Wie schon ihr Name sagt, sind ihre Blüten nicht rot getönt sondern gelb. Sie

67 Alpen-Stiefmütterchen (Viola calcarata).
Meist sind seine Blüten violett,
doch kann man auch Spielarten mit hellgelben,
weißen und gemischtfarbenen Kronen finden.
Text: Seite 74

68 Echtes Stiefmütterchen (Viola tricolor)
Familie: Veilchengewächse (Violaceae)
Text: Seite 126

kommt zwischen 1900 und 2600 m vor und besiedelt kalkarmes Gestein. Wo sie und andere Hauswurz-Arten zusammentreffen, treten Kreuzungen auf.

Zwischen den dekorativen Hauswurz-Arten blüht manchmal auch die *Federige Flockenblume* (Centaurea nervosa). Sie ist nicht zu verwechseln durch ihre seltsame lockere rosaviolette Blütenperücke. Sie stellt keine großen Bodenansprüche, ist aber dennoch nicht häufig zu finden. In kargen und in gedüngten Matten taucht sie mitunter in verschiedenen Pflanzengemeinschaften auf. Als mittel- und südeuropäische Gebirgspflanze kommt sie in den Zentral- und Südalpen vor.

Wo der Urgestein deckende Alpenrasen im Winter eine sichere Schneedecke aufweist, tritt mancherorts das schöne *Alpen-Stiefmütterchen* oder *Langspornige Veilchen* (Viola calcarata) auf. Seine großen Blüten sind meist samtig violett, auch bläulich, mit einem leuchtend gelben Saftmal. Selten findet man welche mit gelben und weißen Blüten, immer aber stehen sie in größeren Gruppen beisammen und sind ein herzerfreuender, entzückender

Anblick. – Stellenweise kommt das Alpen-Stiefmütterchen recht häufig vor, es verhält sich in seinen Bodenansprüchen indifferent. In der Regel besiedelt es Höhen zwischen 1600 und 3000 m, steigt gelegentlich jedoch auch tiefer hinab. Es ist eine westalpine Pflanze.

Auf Urgestein leistet ihm oft der *Stumpfblättrige Mannsschild* (Androsace obtusifolia) Gesellschaft. Er bildet, im Gegensatz zu anderen Androsace-Arten, keine dichten Polster. Aus den gegenständigen Blattrosetten hebt sein kurzer Blütenstiel mehrere kleine, weiße, manchmal rötliche Blüten hoch, die am Blütengrund einen gelben Ring aufweisen. In dieselbe Gruppe gehören der *Fleischrote Mannsschild* (Androsace carnea) mit zartrosa Blüten und der *Zwerg-Mannsschild* (Androsace chamaejasme) mit kleinen, weißen bis rötlichen Blüten. Die beiden ersten Arten sind in der alpinen Zone auf Urgestein daheim, der Zwerg-Mannsschild auf kalkreichem Boden.

Auf magerem Alpenrasen trifft man nicht selten verschiedene Berufkraut-Arten an. Sie ähneln den Alpen-Astern, besitzen aber kleinere Blütenköpfchen, die zudem ihre Strahlenblütchen in mehreren Reihen angeordnet haben und dadurch dichter wirken. Das *Einköpfige Berufkraut* (Erigeron uniflorus) besitzt lila, mitunter weiße Köpfchen, die in einen wolligen Pelz gekleidet sind. Das *Alpen-Berufkraut* (Erigeron alpinus) blüht in weißen bis purpurnen Köpfchen und ist recht häufig. Das *Vernachlässigte Berufkraut* (Erigeron neglectus) blüht vorwiegend rot. Da die Arten stark variieren und sich kaum voneinander unterscheiden, sind sie nicht leicht zu bestimmen.

Dagegen ist ein recht bekannter und auch weit verbreiteter Korbblütler die *Alpen-Margerite* (Chrysanthemum alpinum). Ihre Margeritenblüten sitzen auf recht kurzen Stielen, finden sich in der Regel zu Gruppen zusammen, und wirken auf diese Weise besonders anmutig. Charakteristisch für die Alpen-Margerite sind die stark geteilten Laubblätter. Auf Kalkboden wird sie durch die *Schwarzrandige Margerite* (Chrysanthemum atratum) abgelöst.

Die violettblauen Köpfchen der *Halbkugeligen Rapunzel* (Phyteuma hemisphaericum) sind auch im alpinen Urgesteinsrasen daheim, ebenso die kleine *Kugelblumenblättrige Rapunzel* (Phyteuma globulariifolium), während die häufige *Kugel-Rapunzel* (Phyteuma orbiculare) von den Tälern bis in die subalpine, selten auch in die alpine Zone hinaufsteigt. Alle Arten der Gattung sollen jedoch alpinen Ursprungs sein.

Von ganz besonderer Anmut sind die zartrosa Blütenbällchen der *Berg-Grasnelke* (Armeria alpina), die allerdings in der Schweiz nicht sehr häufig anzutreffen ist. Sie bevorzugt kalkarme, sandige Böden und kommt im dürftigen Alpenrasen der Zentralalpen und der Südalpen zwischen 2200 und 2800 m vor. Halbkugelige Rapunzel, Alpen-Margerite und Einköpfiges Berufkraut finden sich gern in ihrer Gesellschaft.

69 Schmalblättriges Weidenröschen (Epilobium angusti
Familie: Nachtkerzengewächse (Onagraceae),
Text: Seite 100

In Matten über kalkarmen Böden ist in den östlichen Alpengebieten der *Punktierte Enzian* (Gentiana punctata) sehr oft zu sehen. Er ist eine stattliche Pflanze, die zu ihrer Blütezeit manchen Gegenden ein besonderes Gepräge gibt. Der aufrechte, kräftige Stengel trägt große Blätter. In den Blattachseln sowie an der Stengelspitze sitzen die hellgelben, innen rot punktierten Blütenglocken. Ihm steht der seltenere *Purpur-Enzian* (Gentiana pupurea) sehr nahe, der dunkelrote, innen gelbliche, dunkel gepunktete Blüten besitzt. Der *Ungarische Enzian* (Gentiana pannonica) gehört ebenfalls in diese Gruppe, doch erreicht er in der östlichen Schweiz (Churfirsten) seine westliche Verbreitungsgrenze. Er blüht in purpurnen, mit schwarzen Punkten versehenen Glocken und ist auf Kalkboden daheim.
Auf gelegentlich beweideten Matten finden wir die schöne *Bärtige Glockenblume* (Campanula barbata). Sie gedeiht von der subalpinen Zone bis hinauf in Höhen von 2700 m und ist mit ihren hellen, behaarten Glocken wohl jedem Bergwanderer bekannt.
Nicht weniger bekannt dürfte die *Arnika* (Arnica montana) sein. Sie ist eine alte Heilpflanze. Von den anderen gelb blühenden Korbblütlern unterscheidet sie sich vor allem durch die grundständige Blattrosette und die gegenständigen Stengelblätter. Die Blätter und besonders die großen, orangenen Blüten strömen einen kräftigen, aromatischen Duft aus. Arnika wird vom Weidevieh nicht gefressen und breitet sich oft dementsprechend aus. Sie ist eine kalkfliehende eurasiatische Gebirgspflanze.
Die kleine, duftende Alpen-Orchidee, das *Männertreu oder Bränderli* (Nigritella nigra), erfreut sich so großer Beliebtheit, daß es stellenweise bereits ausgerottet worden ist und unter Naturschutz gestellt werden mußte. Seine dichten, braunroten Ähren setzen sich aus Orchideen-Blütchen zusammen, die einen für das Männertreu charakteristischen süß-würzigen Duft ausströmen. Es kommt auf gedüngten sowie auf mageren Alpenmatten vor, vorzugsweise auf Kalkboden zwischen 1600 und 2400 m. Seltener findet man das rote Männertreu (Nigritella rubra). Die rosa und die gelbe Varietät sind ausgesprochene Seltenheiten.

DIE HEIDE- UND GEBÜSCHZONE

Abwärtsschreitend gelangen wir aus dem Gebiet der Alpenmatten in eine Zone, in der nicht mehr Gräser und Kräuter, sondern hauptsächlich niedrige Holzpflanzen den Boden bedecken. Sie erweckt den Eindruck einer Heide, wird unten allmählich von Bäumen durchsetzt und greift schließlich in den Lärchen-Arven-Wald hinein. Ihr Gebiet stellt eine Übergangszone dar, deren Grenzen sehr fließend sind.

Charakteristisch für diesen Pflanzengürtel ist die *Alpen-Azalee* oder Gemsheide (Loiseleuria procumbens), ein Zwergstrauch mit eng dem Boden anliegenden, verholzten Zweigen und wintergrünen, schmalen und lederigen Blättern. Doch wenn die Alpen-Azalee im Juni, Juli blüht, ist der von ihr bewachsene Boden wie von einem rosa Teppich bedeckt. Wer ihre kleinen Blüten durch eine Lupe betrachtet, wird staunend deren zierliche Schönheit entdecken können. Die Pflanze selbst ist robust und sehr widerstandsfähig gegen Kälte und Trockenheit, sie besiedelt daher auch Bergkämme bis in Höhen von 2800 m, ist nicht nur in unseren europäischen Gebirgen auf kalkarmen Böden anzutreffen, sondern auch in der Arktis beheimatet.

Neben ihr besetzen oft das *Isländische Moos* (Cetraria islandica) und die *Rentierflechte* (Cladonia rangiferina) den Boden. Der *Brutknöterich* (Polygonum viviparum) setzt seine merkwürdigen, weißschöpfigen Blütenstände an, und auch der *Kleine Augentrost* (Euphrasia minima) findet sich hier ein. Er besitzt kleine gelbe, weiße oder bläulichrote Blüten. Manche Pflanzen der Alpenmatten verbreiten sich bis in diese Zone herein, auch die Behaarte Primel und verschiedene Gräser, die Alpen-Margerite und viele andere. Der gelbköpfige *Schweizer Löwenzahn* (Leontodon helveticus) ist ebenfalls hier anzutreffen.

Über mehr geschützte Stellen breitet sich die Rauschbeeren- und Moorbeerenheide aus. Die *Rauschbeere oder Krähenbeere* (Empetrum hermaphroditum) ist ebenfalls ein Zwergstrauch wie die Alpen-Azalee, legt jedoch ihre Zweige nicht dem Boden an. Ihre schwarzen Beeren schmecken recht bitter; sie entstehen aus kleinen, blaßroten Blütchen. Auch sie ist weit verbreitet, eine zirkumpolar-arktische Pflanze.

Die *Moorbeere* (Vaccinium uliginosum) ist mit die namengebende Pflanze dieser Gesellschaft. Im Winter wirft sie ihre ganzrandigen Blätter – durch die sie sich deutlich von der Heidelbeere unterscheidet! – ab. Im zeitigen Frühjahr sind ihre Zweige mit zierlichen, wunderschönen weißen oder rosa Blütenglöckchen besetzt. Ihre blauen Beeren sind eßbar, sollen jedoch nicht in größeren Mengen genossen werden. Die Moorbeere ist weit verbreitet und kommt ebenfalls auf kalkarmen Böden vor. Manchmal findet

70 Steinröschen (Daphne striata)
Familie: Seidelbastgewächse (Thymelaeaceae)
Text: Seite 86

sich auch der *Purpur-Enzian* (Gentiana purpurae) in ihren Beständen ein. Einen ganz anderen Charakter hat das Alpenrosen-Gebüsch, dessen charakteristische Pflanze die *Rostblättrige Alpenrose* (Rhododendron ferrugineum) ist. Oft beschränkt sich diese Zone auf einen schmalen Gürtel, manchmal dringt sie in den lichten, subalpinen Nadelwald eine Strecke weit ein. – Die Rostblättrige Alpenrose ist ein recht langsam wachsender Zwergstrauch. Zum Aufbau jener blühenden Zweige, die üblicherweise vom Ausflug in die Berge mit heimgenommen werden, benötigte die Pflanze Jahre. – Der

71 Sternblütiges Hasenohr (Bupleurum stellatum)
Familie: Doldenblütler (Umbelliferae)
Text: Seite 72

72 Große Sterndolde (Astrantia major)
Familie: Doldenblütler (Umbelliferae)
Text: Seite 121

eigenartige Duft, der das Alpenrosen-Gebüsch durchzieht, stammt von Schuppenhaaren, die an der Unterseite der Laubblätter und an den Blüten sitzen. Schon im August bildet der Strauch die Blüten für das kommende Frühjahr vor. Die Rostblättrige Alpenrose gedeiht nur auf kalkarmen Böden und ist über mittel- und südeuropäische Gebirge verbreitet. Auf kalkreichem Gestein wird sie von der *Behaarten Alpenrose* (Rhododendron hirsutum) abgelöst, die Feuchtigkeit und im Winter eine sichere Schneedecke verlangt. Ihre Blätter sind an den Unterseiten bewimpert, die Blüten heller als jene der anderen Art. Sie ist weniger weit verbreitet und tritt namentlich in den Ostalpen auf.

Der *Zwergwacholder* (Juniperus sibirica), ein sicher allbekannter Strauch mit spitzen Nadeln, ist namengebend für das sogenannte Zwergwacholder-Gebüsch, das an warme, sonnige Hänge gebunden ist. Dort findet man auch das schöne *Eberreis-Kreuzkraut* (Senecio abrotanifolius), dessen orangerote Blütenköpfchen unverwechselbar sind. Es kommt auch gelegentlich im Alpenrosen-Gebüsch und in den lichten Nadelwäldern vor und gilt als ostalpin.

Sehr häufig ist die *Immergrüne Bärentraube* (Arctostaphylos uva-ursi) im Zwergwacholder-Gebüsch; gelegentlich gesellt sie sich auch den Legföhren zu. Der kleine Zwergstrauch mit seinen ledrigen, dunklen Blättern ist besonders zur Blütezeit sehr hübsch, wenn er die weißen oder rosa Glöckchen geöffnet hat. Seine Beeren sind rot und mehlig. Das Heimatgebiet der Immergrünen Bärentraube umfaßt sibirische, europäische und nordamerikanische Gebiete.

Manchmal finden wir in dieser Gesellschaft auch die zarte, schöne *Prachtnelke* (Dianthus superbus), die von der Ebene bis in die obere subalpine Zone vorkommt. Ihre großen, violettrosa, tief gefransten Blüten sind von besonderer Schönheit und duften nelkenhaft-würzig. Trotz ihres zarten Aussehens kommt sie nicht nur in beachtlichen Höhen, sondern, als «eurosibirische» Pflanze, auch im Norden vor.

73 Alpen-Liebstock (Ligusticum mutellina)
Familie: Doldenblütler (Umbelliferae)
Text: Seite 70

74 Alpenazalee (Loiseleuria procumbens)
Familie: Heidekrautgewächse (Ericaceae)
Text: Seite 78

SUBALPINER NADELWALD

Der vielleicht schönste Wald überhaupt ist der Lärchen-Arven-Wald unserer Alpengebiete. Seine Besonderheit liegt wohl in der Eigenart der beiden Bäume begründet, die ihn bilden. Die *Lärche* (Larix decidua) wirkt anmutig und hell durch ihren Wuchs, durch die biegsamen Zweige, die mit hellgrünen, weichen Nadelbüscheln besetzt sind. Im Herbst verliert sie ihr Grün und setzt eine Weile ein starkes, helles Goldbraun in die Landschaft, ehe sie ihre verfärbten Nadeln verliert. Von April bis Juni blüht die Lärche; ihre weiblichen Blüten sitzen als rote, aufrechte kleine Zapfen an den Zweigen. Wo Lärchen wachsen, liegt eine gewisse Heiterkeit über der Landschaft. Nie kann in ihrer Gegenwart die Düsterkeit aufkommen, die für manche andere Nadelwälder so bezeichnend ist. Sie mildert auch die Strenge der oft mit ihr gemeinsam auftretenden Arve oder Zirbelkiefer.
Die *Arve* (Pinus cembra) war früher im Alpengebiet zweifellos weiter verbreitet als heute und bildete geschlossene Wälder, wie wir sie heute kaum mehr kennen. Rücksichtsloses Abholzen und intensive Weidewirtschaft haben die Arve zum seltenen Baum gemacht. Und in den wenigen Gebieten, wo sie noch anzutreffen ist, kann man immer wieder beobachten, daß ihre

75 Immergrüne Bärentraube
(Arctostaphylos uva-ursi)
Familie: Heidekrautgewächse (Ericaceae)
Text: Seite 80

76 Preiselbeere (Vaccinium vitis-idaea)
Familie: Heidekrautgewächse (Ericaceae)
Text: Seite 85

tiefen Zweige und Äste abgehackt werden, um einem «lustigen Feuerchen» Nahrung zu geben ...

Die Arve verlangt humosen, tiefgründigen Boden über kalkarmen Substraten. Ihr Lebensgebiet liegt in der oberen subalpinen Zone. Sie ist ein sehr langlebiger Baum – falls man sie lange leben läßt – mit einem Durchschnittsalter von 700 Jahren! Doch sie wächst nur sehr langsam und was ihre Bestände gegen willkürliche Eingriffe besonders anfällig macht, ist die Empfindlichkeit der Jungpflanzen. Junge Arven bedürfen eines gewissen Schutzes, sie vertragen weder starke Trockenheit, noch zu heftige Sonnenbestrahlung. Die Arve scheint also einer gewissen Zone sehr stark eingepaßt zu sein. Als «Spezialist» besitzt sie wohl große Lebenstüchtigkeit in der ihr gemäßen Umwelt, aber sie weist nicht die «Wendigkeit» jener Pflanzen auf, die keine besonderen Ansprüche stellen. Je strenger eingepaßt, je spezialisierter eine Pflanze ist, desto mehr bedarf sie heute unseres Verständnisses und unseres Schutzes.

Im Lärchen-Arven-Wald sorgt die Lärche für ein wenig Auflockerung und Helligkeit. Die Rostblättrige Alpenrose greift aus dem Gebiet, in dem sie tonangebend ist, an vielen Stellen in diesen hellen Wald herein. Wo der Schatten vorherrschend wird, setzen sich Heidel- und Preiselbeeren fest; sie benötigen humusreichen, kalkarmen Boden. Beide sind bekanntlich Zwergsträucher. Die *Heidelbeere* (Vaccinium myrtillus) setzt zwischen ihre fein gezähnten Blätter grünliche, rot überlaufene Blüten, die sich zu den blauschwarzen Beeren entwickeln. Daß die *Preiselbeere* (Vaccinium vitis-idaea) nicht nur die bekannten roten Beeren liefert, sondern wunderschöne, zart weißlich-rosa Blütenglöckchen hervorbringt, dürfte manchem vielleicht noch nicht bekannt sein. Die Preiselbeere kommt in ganz Nordeuropa vor, im Süden bis zu den Pyrenäen und zum Apennin.

Neben verschiedenen Gräsern und Flechten finden wir im Lärchen-Arven-Wald auch die kleinen Blütenköpfe des *Alpen-Lattichs* (Homogyne alpina). Sie sitzen auf oft recht langen Stengeln, die mit wenigen kleinen Blättern besetzt sind, und bestehen aus rötlichen Röhrenblütchen. Die rundlichen, glänzenden Laubblätter sind oft ganz unter den niedrigen Sträuchern versteckt, so daß nur die langen Stengel mit den kleinen Blütenköpfen in Erscheinung treten.

Auch der *Wald-Wachtelweizen* (Melampyrum silvaticum) tritt in diesem Wald auf. Er ist ein «Halbschmarotzer», wie der Augentrost und viele andere, der mit Hilfe von Saugwurzeln anderen Pflanzen Stoffe entzieht. Seine kleinen goldgelben Blüten sitzen in den Achseln großer, lanzettlicher Blätter.

Mitunter überspinnt das *Zierliche Moosglöckchen* (Linnaea borealis) Steinbrocken oder den moosigen Boden. Die leicht verholzten Stengel tragen kleine, rundliche Blätter. Zur Blütezeit bringt die Pflanze oft viele, sanft duftende, hellrosa Glöckchen hervor, die in Scharen an ihren zarten Stengeln hängen und schon im leisesten Wind zittern. Das Moosglöckchen tritt westlich des Simplons seltener auf. Es besitzt jedoch als eurosibirisch-nordamerikanische Pflanze ein weites Verbreitungsgebiet.

Ein weiterer Nadelbaum, der ebenfalls im subalpinen Gebiet Bestände bilden kann, ist die *Bergföhre* (Pinus montana). Ihre und die Nadeln der Waldföhre (Pinus silvestris) sitzen zu zweien, nicht in Büscheln zu je 5 wie die Arven-Nadeln. Der Stamm der Bergföhre ist schwärzlich, während er bei der Waldföhre rotbraun ist. Die sehr vielgestaltige Bergföhre tritt in den Alpen im Westen baumartig auf, im östlichen Teil strauchförmig als sogenannte Legföhre oder Latsche. Diese beiden Sippen sind allerdings nicht streng voneinander getrennt, in zahlreichen Zwischenformen geht die eine Wuchsform in die andere über. Allgemein zieht die Bergföhre Kalkboden vor, doch stellt sie hierin keine starren Ansprüche.

Der Bergföhren-Wald strahlt eine gewisse Strenge aus. In ihm herrscht, trotz mancherlei Blüten auf seinem Boden, ein fast feierlicher Ernst. Auf weite Strecken durchwächst ihn die *Schneeheide* (Erica carnea). Ihre Zweiglein sind dicht von nadelförmigen Blättern besetzt. Sie ist ein sehr früher Blüher. An bestimmten Stellen öffnet sie ihre zahllosen rosaroten Blüten schon im Winter, meist jedoch zur Zeit der Schneeschmelze. Oft steigt sie auch in die montane, selbst in die colline Stufe hinunter. Mit ihren Blüten zieht überall der Vorfrühling ein.

Wie die Schneeheide bildet auch die *Buchsblättrige Kreuzblume* (Polygala chamaebuxus) ihre Blüten bereits im Herbst vor und blüht deshalb sehr früh. Ihre verholzten Stämmchen schmiegen sich dem Boden an und bilden viele Ausläufer. Die immergrünen Blätter sind an den Rändern leicht umgerollt. Die großen Blüten duften und besitzen hellgelbe Flügel. Sie ist in mittel- und südeuropäischen Gebieten daheim und weist in Nordamerika nahe Verwandte auf.

Stellenweise bildet die *Silberwurz* (Dryas octopetala) dichte Teppiche. Sie tritt jedoch keineswegs nur hier im Bergföhren-Wald auf. Ihre verholzten Stämmchen eng dem Boden anlegend, überrankt sie weite Flächen. Ihre Zweige können sich bewurzeln und die alten Blätter werden zu Humus; damit besitzt sie eine Reihe Eigenschaften, die sie auch als sehr lebenstüchtigen Schuttbewohner ausweist. Tatsächlich lebt sie zwischen 500 und 3000 m nicht nur in Bergföhren-Wäldern und Strauchheiden, sondern auch auf Schutt- und Geröllhalden und auf Moränenböden. Wunderschön wird die Silberwurz wenn sie blüht. Dann ist ihr Blattrasen besetzt mit vielen reinweißen, großen Blüten, die goldgelb gefüllt sind. Wenn die Blütenblätter fallen, wachsen die Griffel zu federartigen Gebilden aus; ihre Früchte sind zuletzt lange, wirre Pinselchen. – Die Silberwurz ist auch in vielen nördlichen Gebieten anzutreffen. Man vermutet, daß sie nordischen Ursprungs ist.

Auch die *Herzblättrige Kugelblume* (Globularia cordifolia) ist ein Zwergsträuchlein mit holzigen Stengeln und immergrünen Blättern, besiedelt ebenfalls steinige Hänge, selbst Felsen, findet sich aber auch oft im Bergföhren-Wald ein. Sie kommt bei uns zwischen 800 und 2600 m vor und blüht in dichten violetten Kugelköpfchen, die dort, wo ihre Pflanzen eine größere Fläche durchsetzen, mit ihrer Farbe eine Zeitlang tonangebend sein können. Ihre nahe Verwandte, die *Nacktstengelige Kugelblume* (Globularia nudicaulis) liebt ebenfalls Kalkboden, steigt jedoch meist nicht unter 1000 m hinab und ist nicht holzig, sondern krautig. Die Pflanzen dieser Art sind größer, ebenso die hellblau-lila Kugelköpfchen. Sie bewohnt vor allem die nördlichen Kalkalpen. In den Zentral- und Südalpen tritt sie seltener in Erscheinung.

Allbekannt ist das duftende *Steinröschen* (Daphne striata). Es hat viele Volksnamen, die sich fast alle auf den starken Duft beziehen: Almrausch, Alpenflieder u.a.m. Nahe verwandt ist es mit dem ebenfalls sehr stark duftenden Seidelbast (Daphne mezereum). Der sehr verzweigte Zwergstrauch mit immergrünen, ungeteilten Blättern ist in der Blütezeit dicht mit hell- bis

77 Rostblättrige Alpenrose
(Rhododendron ferrugineum)
Familie: Heidekrautgewächse (Ericaceae)
Text: Seite 79

dunkelrosa Blütendolden besteckt. Das Steinröschen bewohnt ausschließlich Kalkgebiete, ist im Bergföhren-Wald, im Legföhren-Bestand und auf steinigen Halden zwischen 1700 und 2700 m zu finden. In den Ostalpen ist es bis zum Binntal verbreitet und tritt dann wieder in den französischen Alpen auf. Vielfach wird angenommen, daß das Steinröschen und seine Verwandten, die sich über Mittel-, Süd- und Osteuropa bis nach Kleinasien ausbreiten, aus Afrika stammen.

Manchmal finden wir zwischen Silberwurz und Steinröschen kleine, weiße oder rosarote Blütendolden auf behaarten, kurzen Stengeln: den *Zwerg-Mannsschild* (Androsace chamaejasme). Auch er gedeiht nur auf Kalkboden. Im Legföhrengebüsch und in lichten Wäldern kann man von Mai bis Juli die violett-blauen herrlichen Glocken der *Alpenrebe* (Clematis alpina) antreffen. Der 1 bis 2 m lange holzige Stengel dieser Alpen-Liane windet sich durch Sträucher, an Bäumen und Felsen empor, hängt uns die wunderschönen Blüten oft in einer Fülle direkt vor die Augen oder bildet mit Blütenglocken besetzte Girlanden. Die Alpenrebe gibt es vor allem in der

78 Himmelsleiter (Polemonium coeruleum)
Familie: Sperrkrautgewächse (Polemoniaceae)
Text: Seite 131

79 Pyramiden-Günsel (Ajuga pyramidalis)
Familie: Lippenblütler (Libiatae)
Text: Seite 126

obersten subalpinen Zone. Selten steigt sie in Schluchten bis 600 m hinunter. Sie ist eine nordisch-alpine Pflanze.

Wieder einen anderen Charakter weist der subalpine Fichtenwald auf. Er ist still und feucht und oft ein wenig düster-melancholisch. Eingebettet in Schatten und Feuchtigkeit lebt das kleine, zierliche *Moor-Zweiblatt* (Listera cordata), eine kleine Orchidee. Sie ist ein überaus zartes Pflänzchen, man kann es leicht übersehen. Knapp über dem moosigen Boden trägt der Stiel die beiden herzförmigen, gegenständigen Laubblätter, die der Pflanze den Namen geben. Nur wenige, sehr kleine Blüten von bräunlichem Purpurrot bauen die lockere Blütenähre auf. In manchen Gegenden fehlt das Moor-Zweiblatt ganz, doch wo es auftritt, erscheint es mitunter in kleineren Gruppen. Es gilt als eurosibirisch-nordamerikanische Pflanze.

Ähnlich verhält es sich mit dem Vorkommen und der Verbreitung der *Korallenwurz* (Corallorhiza trifida). Auch sie lebt in Fichtenwäldern bis in Höhen von etwa 2000 m und zählt ebenfalls zu den Berg-Orchideen. Sie besitzt sehr wenig Blattgrün, nur schuppenartige kleine Blättchen und ihre gelblichen Blüten erreichen nur eine Größe von 5 bis 7 mm!

Manchmal tritt jedoch in den Legföhren-Beständen, am Rande der Fichtenwälder, auch an Hängen, eine sehr schöne, bekannte und sehr großblütige

80 Feld-Thymian (Thymus serpyllum)
Familie: Lippenblütler (Labiatae)
Text: Seite 72

Orchidee auf: der *Frauenschuh* (Cypripedium calceolus). In diesen hohen Lagen blüht er mitunter bis in den Bergsommer hinein. Auf seine unvergleichlichen Blüten zu stoßen, ist ein ganz außergewöhnliches Erlebnis. Zwischen den großen, kräftigen Blättern steigt der schlanke Stengel hoch, der eine, selten zwei der ungewöhnlichen Blüten trägt. Selbst wer ihn noch nie gesehen hätte, würde die Frauenschuhblüte sofort erkennen: den goldgelben «Pantoffel» mit den schönen, geschwungenen, purpurbraunen Blättern darüber. Früher war der Frauenschuh bei uns weit verbreitet, heute ist er

81 Alpen-Leinkraut (Linaria alpina)
Familie: Rachenblütler (Scrophulariaceae)
Text: Seite 54

stellenweise recht selten geworden. Wie fast alle unsere heimischen Orchideen verlangt auch der Frauenschuh Kalkboden. Vereinzelt steigt er bis in Höhen von knapp 2000 m hinauf.

Auch das *Einblütige Wintergrün* (Pyrola uniflora) blüht im feuchten, subalpinen Fichtenwald. Seine Blüten sind kleine, duftende, weiße, nickende Rädchen. Die rundlichen Laubblätter sind zu einer Rosette geordnet und sitzen oft halbversteckt zwischen Moos. Diesen immergrünen Blättern verdanken die Wintergrün-Arten ihren deutschen Namen.

82 Dickblättrige Königskerze (Verbascum crassifolium)
Familie: Rachenblütler (Scrophulariaceae)
Text: Seite 102

SUBALPINE FELS- UND SCHUTTPFLANZEN

Die in der tieferen, der subalpinen Zone gelegenen Felspartien sind naturgemäß von anderen Pflanzen bewachsen als die Felsen des Hochgebirges, die extremen Temperaturschwankungen und häufigen Stürmen preisgegeben sind. Hier ist das Klima milder, aus umliegenden Wiesen und Gehölzen wird Samen angeweht, die Humusbildung kann ungestörter vor sich gehen und selbst Sträucher, sogar Bäume vermögen sich anzusiedeln. Die Pflanzengesellschaften werden hier unvergleichlich vielfältiger sein.
Ein Juwel dieser Zone ist die *Feuerlilie* (Lilium bulbiferum). Es ist ein unvergeßliches Erlebnis, ihr hier zwischen den Felsen zu begegnen, wo die Schönheit ihrer feuerfarbenen, großen Blütenkrone noch viel mehr zur Geltung kommt, als in den warmen Trockenwiesen, in denen sie – immer auf Kalkboden! – ebenfalls blüht. Im Engadin steigt sie sogar bis über 2000 m hinauf. Charakteristisch für sie sind kleine Brutzwiebeln, die in den Achseln der oberen großen wechselständigen Laubblätter sitzen. Bei der Unterart Lilium bulbiferum ssp. croceum fehlen diese Brutzwiebelchen.
Ebenfalls ein Schmuck der Felsen ist die *Stein-Nelke* (Dianthus silvester), wenn sie natürlich auch nicht so stark wirkt wie die Feuerlilie. Oft setzt sie ganze Büschel ihrer rosaroten Nelkenblüten an die Felsen. Mit Hilfe ihrer langen Pfahlwurzel kann sie sich selbst an abfallenden Felswänden verankern. Sie hat sich auf trockene Standorte spezialisiert, ohne sich indessen bezüglich Boden und Höhenlage sehr festzulegen. Da sich in unseren Gebirgen sehr viele trockene, felsige, und viele sehr steinige Standorte anbieten, ist auch die Stein-Nelke dementsprechend häufig, von der collinen bis in die obere subalpine Stufe hinauf. Sie blüht nicht nur sehr reich, sie blüht auch sehr lange, mitunter bis zum Frosteinbruch.
Der *Leberbalsam* (Erinus alpinus) dagegen verlangt basische bis neutrale Böden. Rosetten aus gezähnten, stark behaarten Blättern entsprießen lange, kriechende Stengel, die lockere Trauben violettroter, schöner Blüten tragen. Er ist in den Nord- und Westalpen und im Jura daheim.

Ebenfalls im Jura und auch in den nördlichen Voralpen kommt der zarte *Milchweiße Mannsschild* (Androsace lactea) vor. Er besiedelt dort die Kalkfelsen und Kalkbrocken. Aus sehr schmalen Blättern sind Rosetten geformt, aus denen kahle Blütenstiele steigen, die milchweiße kleine Blüten tragen. Er ist dem Stumpfblättrigen Mannsschild der alpinen Zone sehr ähnlich, der allerdings im Gegensatz zu ihm kalkfliehend ist.

Auch der *Immergrüne Steinbrech* (Saxifraga aizoon) bewächst mit seinen halbkugeligen Blattrosetten die Kalkfelsen der subalpinen, allerdings auch der alpinen Zone. An seinen Blättern fallen eigentümlich silbrige Ränder auf. Diese Erscheinung wird durch kleine, an den Randpartien eingelassene Grübchen hervorgerufen, die Kalküberschüsse ausscheiden, und die mit je einem Zähnchen abgedeckt sind. Vielleicht regelt diese Einrichtung zugleich auch die Transpiration der Pflanze. Die Blüten des Immergrünen Steinbrechs, der auch Trauben-Steinbrech heißt, sind weiß, mitunter rot punktiert. Er ist eine europäisch-arktische Pflanze.

Auf Urgestein findet sich der besonders in der Blütezeit ungemein dekorative, prächtige *Strauß-Steinbrech* (Saxifraga cotyledon) ein. Seine Blattrosetten können bis handtellergroß werden, die Blattränder sind gezähnt und silbrig, wie jene des Immergrünen Steinbrechs. Diesen großen Blattrosetten

83 Altertümlicher Klappertopf (Rhinanthus antiquus)
Familie: Rachenblütler (Scrophulariaceae)
Text: Seite 128

84 Kerner's Läusekraut (Pedicularis kerneri)
Familie: Rachenblütler (Scrophulariaceae)
Text: Seite 66

85 Knollen-Läusekraut (Pedicularis tuberosa)
Familie: Rachenblütler (Scrophulariaceae)
Text: Seite 70

86 Gestutztes Läusekraut (Pedicularis recutita)
Familie: Rachenblütler (Scrophulariaceae)
Text: Seite 126

87 Quirliges Läusekraut (Pedicularis verticillata)
Familie: Rachenblütler (Scrophulariaceae)
Text: Seite 66

entwachsen seine mitunter mehr als halbmeterlangen, reich verästelten Blütenstände, weithin sichtbare, weiße, lockere Blütensträuße. Jede Rosette bringt nur einmal Blüten hervor, wie beim Immergrünen Steinbrech und den Hauswurz-Arten. Der Strauß-Steinbrech ist eine mitteleuropäische Gebirgspflanze, reicht im Süden nach Korsika und zum Apennin und ist im Norden in Norwegen, Grönland und Labrador anzutreffen.

Der *Rauhe Steinbrech* (Saxifraga aspera) wächst «lockerrasig» an Felsen und Mauern und ist ebenfalls kalkfliehend. Er ähnelt dem Moos-Steinbrech der alpinen Stufe, unterscheidet sich aber von ihm durch größere Stengelblätter. Sein Heimatgebiet ist auf westliche Teile der mittel- und südeuropäischen Gebirge beschränkt.

Der *Scharfe Mauerpfeffer* (Sedum acre) ist eine weitere «rasenbildende» Pflanze. Seine aufsteigenden Zweige sind von eiförmigen, fleischigen Blättern besetzt. Zur Blütezeit ist er dicht mit goldgelben Blüten besteckt und nicht zu übersehen. Man könnte ihn fast eine Allerweltspflanze nennen, denn er kommt nicht nur auf Felsköpfen, Schutthalden und in Bachbetten vor, sondern sitzt ebenso gern an Mauern und auf Dächern, im Trockenrasen, auf Sandböden und in lichten, trockenen Wäldern. Außerdem ist er von der Ebene bis in Höhen von über 2000 m daheim.

Die *Dickblättrige Fetthenne* (Sedum dasyphyllum) ist ein weiterer Felsenbewohner, den man an Feld- und Stützmauern der Ebenen ebenso wie an subalpinen Felsen antreffen kann. Sie wächst auf Urgestein und auf Kalk, ihre Blätter sind dick, eiförmig, graugrün bereift bis rötlich überlaufen, ihre Blüten weiß, auch rosa, mit gelben Punkten.

Im Wallis, Tessin und in Graubünden tritt in ihrer Gesellschaft auf Urgestein oft der *Schweizer Schöterich* (Erysimum helveticum) auf. An seinen großen, schwefelgelben Kreuzblüten ist er leicht zu erkennen. Er bewächst zwischen 500 und 2100 m Felsen und sonnige Hänge.

Kräftige Farbakzente verleiht die *Karthäuser-Nelke* (Dianthus carthusianorum) mit ihren starkrosa Blüten den Felsen, steinigen Hängen und Trokkenwiesen von den Tälern bis in Höhen von etwa 2000 m. Sie trägt eine ganze Reihe verschiedener Volksnamen, ein Zeichen dafür, daß sie in bestimmten Gegenden nicht selten anzutreffen ist. – In Mitteleuropa verbreitet, blüht sie recht lange, vom Juni bis in den Oktober hinein.

Recht reich ist auch die Flora der subalpinen Schutthalden und Alluvionen. Im Prinzip herrschen hier ähnliche Verhältnisse wie bei den Geröllfeldern der alpinen Stufe. Solange das Geröll, der Schutt in Bewegung ist, können sich nur die speziellen Pionierpflanzen ansiedeln und behaupten. Wenn je-

88 Echter Augentrost (Euphrasia rostkoviana)
Familie: Rachenblütler (Scrophulariaceae),
Text: Seite 126

89 Felsen-Ehrenpreis (Veronica fruticans)
Familie: Rachenblütler (Scrophulariaceae)
Text: Seite 72

90 Herzblättrige Kugelblume (Globularia cordifolia)
Familie: Kugelblumengewächse (Globulariaceae)
Text: Seite 86

91 Nacktstengelige Kugelblume (Globularia nudicaulis)
Familie: Kugelblumengewächse (Globulariaceae)
Text: Seite 86

doch eine gewisse Stabilität eingetreten, die Halde zur Ruhe gekommen ist, der Bach ein anderes Bett gefunden hat und seine alten Ablagerungen nicht mehr überspült, sondern sich selbst überläßt, dann beginnt sich mit dem Lebensraum auch die Pflanzendecke stark zu verändern. Die Schuttbewohner werden allmählich durch Zwergsträucher verdrängt – durch Salix-Arten, Silberwurz und anderen –, die Schneeheide kann Fuß fassen, da und dort kommt eine Legföhre, eine behaarte Alpenrose hoch. Irgendwann einmal kann diese Entwicklung ihr Ende in einem Wald, einem Lärchen-Arven-Wald finden, im «Klimax», der sich im Gleichgewicht mit den Klimagegebenheiten befindet und in seiner Ausgewogenheit für längere Zeit bestehen bleiben kann. – Der jeweiligen Entwicklungsphase wird das Auftreten gewisser Pflanzen und die Zusammenstellung der Gesellschaften entsprechen.

Eine typische Pionierpflanze ist der *Kahle Alpendost* (Adenostyles glabra). Seine großen, herzförmigen Blätter sind derb gezähnt und an der Unterseite kahl (im Gegensatz zum Grauen Alpen-Dost). Die drei- bis vierblüti-

92 Alpen-Fettkraut (Pinguicula alpina)
Familie: Wasserschlauchgewächse (Lentibulariaceae)
Text: Seite 116

93 Gewöhnliches Fettkraut
(Pinguicula vulgaris)
Familie: Wasserschlauchgewächse
(Lentibulariaceae)
Text: Seite 115

gen Köpfchen sind rosa bis rotlila. Oft besiedelt er Kalkschutt, Geröllhalden von 300 bis 2500 m in großen Scharen.

Weite Flächen feuchter Schuttfelder werden gelegentlich von der *Alpen-Pestwurz* (Petasites paradoxus) bestanden. Sie blüht im frühen Frühjahr, eine Pflanze mit dickem Stengel, schuppenartigen Blättern und nicht sehr auffallenden, rosa Blütenständen. Meist bringt man diese Pflanze gar nicht in Zusammenhang mit ihrem späteren Aussehen, mit der Wildnis aus riesigen Blättern, die auf der Unterseite einen weißfilzigen Überzug aufweisen. – Ebenfalls in der montanen und subalpinen Stufe beheimatet ist die *Weiße Pestwurz* (Petasites albus), deren Blüten gelblichweiß und deren später erscheinende Blätter groß und rundlich-herzförmig und an der Unterseite graufilzig überzogen sind.

Mit einer langen Pfahlwurzel – also auf bewährte Weise – verankert sich das *Kriechende Gipskraut* (Gypsophila repens) im kalkreichen Geröll. Es ist ein lockeres Sträuchlein mit sehr schmalen, etwas fleischigen Blättern und zierlichen weißen bis rosa Blüten.

94 Moosglöckchen (Linnaea borealis)
Familie: Geißblattgewächse (Caprifoliaceae)
Text: Seite 85

95 Strauß-Glockenblume (Campanula thyrsoides)
Familie: Glockenblumengewächse (Campanulaceae)
Text: Seite 67

Ihm recht ähnlich ist das ebenfalls weiß bis rosa blühende *Felsen-Leimkraut* (Silene rupestris), doch sind seine Blüten dreigriffelig, nicht zweigriffelig wie jene des Gipskrautes. Auch weist das Felsen-Leimkraut einen wesentlich gestreckteren Wuchs auf und besitzt keine Pfahlwurzel.

Im Sande der Bachablagerungen gedeiht mitunter *Fleischers Weidenröschen* (Epilobium fleischeri). Es blüht von Juli bis September mit großen, rosaroten Blüten. Nahe verwandt ist ihm das häufige *Schmalblättrige Weidenröschen* (Epilobium angustifolium), das bis 1,50 m hoch werden kann. Es tritt gerne in Scharen auf, und seine Bestände geben zur Blütezeit durch das leuchtende Rosarot seiner reichblühenden, schlanken Rispen der Landschaft ein besonderes Gepräge.

Die zierlichen, hellblauen Blüten der *Kleinen Glockenblume* (Campanula cochleariifolia) sind ein zarter Schmuck, wo immer sie in Erscheinung treten. Sie ist eine kalkliebende kleine Pflanze und ist – zum Glück – zwischen 700 und 2700 m recht häufig auf Schutt, Felsen und Geröll anzutreffen. Auch im Jura kann man ihr begegnen.

96 Mont-Cenis-Glockenblume (Campanula cenisia)
Familie: Glockenblumengewächse (Campanulaceae)
Text: Seite 54

Eine wunderschöne Ergänzung zum Blau der Glockenblume bildet das satte Gelb des *Großblütigen Sonnenröschens* (Helianthemum grandiflorum). Es leuchtet uns von trockenen Hängen, am Rande von Geröllfeldern entgegen. Von seinen verwandten Arten läßt es sich leicht durch die «Nebenblätter» am Grunde der lanzettlichen Laubblätter unterscheiden.

Recht häufig ist der *Alpen-Wundklee* (Anthyllis alpestris). Auch er trägt verschiedene Volksnamen, die zum Teil auf seine Blütenform eingehen, aber auch darauf schließen lassen, daß er in der Volksmedizin Beachtung gefunden hat. In manchen Gegenden wird er noch heute zur Wundbehandlung verwendet. Seine weißlichen bis goldgelben Blüten schließen sich zu großen Köpfchen zusammen. Er besiedelt Wiesen und Schutthalden der subalpinen und auch der alpinen Stufe und ist kalkliebend. Als mittel- und südeuropäische Pflanze ist er noch in Unterarten in den Karpaten, im nördlichen Europa und Asien sowie in Nordamerika verbreitet.

Mit der *Dickblättrigen Königskerze* oder dem Wollkraut (Verbascum crassifolium) sei die kleine Auswahl subalpiner Fels- und Schuttbewohner beschlossen. Wo man sie auch antreffen mag, im Trockenrasen oder auf Halden, immer empfängt man den Eindruck einer sehr kräftigen, schönen und harmonischen Pflanze. Ihre großen, filzigen Blätter bilden gewissermaßen die Basis, aus der manchmal mehrere schlanke, hohe Blütenkerzen aufsteigen, besetzt mit vielen, großen, kräftig-gelben Blütenrädern. Sie ist eine subalpine Pflanze, die Höhen zwischen 1000 und 2000 m liebt. Etliche ihr nahe stehende Arten der Ebenen finden sich gelegentlich auch in ihrer Zone ein. Sie selbst gilt als «eurosibirische» Pflanze.

HOCHSTAUDENFLUREN

In der subalpinen Stufe trifft man manchmal auf Ansammlungen erstaunlich üppiger, großwüchsiger, oft großblättriger und reichblütiger Pflanzen, die wie kleinere oder größere Inseln anmuten können; man bezeichnet sie als Hochstaudenfluren oder Karfluren. Meist werden mehr oder weniger geschützte, oft recht weite und flache Mulden von ihnen bestanden. Das

97 Bärtige Glockenblume (Campanula barbata)
Familie: Glockenblumengewächse (Campanulaceae)
Text: Seite 76

98 Scheuchzers Glockenblume
(Campanula scheuchzeri)
Familie: Glockenblumengewächse
(Campanulaceae)
Text: Seite 70

99 Kleine Glockenblume (Campanula cochleariifolia)
Familie: Glockenblumengewächse (Campanulaceae)
Text: Seite 100

100 Ährige Glockenblume (Campanula spicata)
Familie: Glockenblumengewächse (Campanulaceae)
Text: Seite 124

Aussehen der Pflanzen läßt vermuten, daß sie in nährstoffreichem Boden wurzeln.

Ursprünglich waren diese Lebensräume meist Karmulden, in denen sich allmählich Mineralstaub ablagerte; er mag angeweht worden sein, angespült, ausgeapert. Erste Pflanzen siedelten sich an, starben ab, wurden von anderen abgelöst. Humus bildete sich. Absickerndes Wasser führte der allmählich entstehenden Erdschicht regelmäßig Nässe zu. Schließlich fanden sich auch Pflanzen ein, die tiefgründigen Boden verlangen. Sie setzten sich fest, breiteten sich aus – die Pflanzengesellschaft der Hochstaudenfluren hat sich zusammengefunden.

Mehr oder weniger stark tonangebend sind in dieser Gesellschaft meist zwei Pflanzen: der Graue Alpen-Dost und der Alpen-Milchlattich. Der *Graue Alpen-Dost* (Adenostyles alliariae) fällt vor allem durch seine sehr großen, mattgrünen, grobgezähnten Blätter auf. An den Unterseiten sind sie graufilzig behaart. Sie sind das Betonteste seiner ganzen Erscheinung, auf sie nehmen auch seine zahlreichen Volksnamen Bezug. Seine Blüten sind blaßrot, röhrenförmig und stehen in Dolden beisammen. Oft kommt mit ihm gemeinsam auch der *Kahle Alpen-Dost* (Adenostyles glabra) vor, von dem er sich unter anderem durch die beiden Öhrchen am Grunde seiner Stengelblätter unterscheidet.

Der *Alpen-Milchlattich* (Cicerbita alpina) besitzt Milchsaft, wie sein Name aussagt. Meist bildet er dichte Bestände. Seine großen Blätter sind tief eingeschnitten, der große Endlappen ist auffällig dreieckig. Seine schönen blauvioletten Blütenköpfchen stehen in Rispen beisammen; die Blütenstiele weisen drüsige Behaarung auf.

Diese beiden Charakterpflanzen der Hochstaudenflur wird mancher Bergwanderer wahrscheinlich abschätzig mit Unkraut bezeichnen, außer, er

trifft den Alpen-Milchlattich in Hochblüte an. Anders steht es um eine Reihe weiterer Mitglieder dieser Pflanzengesellschaften, beispielsweise um die seltene, dekorative *Blaue Edeldistel* (Eryngium alpinum), die vielfach auch als *Alpen-Mannstreu* bezeichnet wird. Bis 80 cm lange, dicke, gerillte Stengel – unten noch von vorjährigen Blattresten umgeben und von wenigen 3- bis 5lappigen Blättern umwachsen – sind oben amethystfarben überlaufen und tragen die distelartigen, seltsamen Blütenstände: Kleine Blüten bilden blaue, zylindrische Köpfchen, die von einem dichten Kranz stark gefiederter, stacheliger blauer Hüllblätter umgeben sind. Die sonderbare Pflanze kommt zwischen 1500 und 2500 m vor und gilt als mittel- und südeuropäische Gebirgspflanze mit östlicher Verbreitung.

101 Filziger Alpendost
(Adenostyles leucophylla)
Familie: Korbblütler (Compositae)
Text: Seite 50

102 Kugel-Rapunzel (Phyteuma orbiculare)
Familie: Glockenblumengewächse
(Campanulaceae)
Text: Seite 75

Auch der *Blaue Eisenhut* (Aconitum napellus) ist eine sehr stattliche Pflanze. Oft tritt er in größeren Gruppen auf. Seine kräftig-blauen, dichten Blütenrispen über den zarten, tief eingeschnittenen Blättern ergeben ein sehr schönes Bild. Die Einzelblüten sind recht eigenartig geformt und haben zu vielen Volksnamen Anlaß gegeben. Alle Eisenhut-Arten sind sehr giftig. Sie speichern das Gift in den Wurzelknollen; es findet in der Medizin Verwendung. Der Blaue Eisenhut braucht nährstoffreichen Boden, daher findet er sich auch oft auf überdüngten Plätzen, zum Beispiel um Sennhütten, ein.

Seltener kommt der *Rispen-Eisenhut* (Aconitum paniculatum) vor. Seine Blüten sind weniger gedrungen, spielen oft ins Lilaviolette und sind in lockeren, verzweigten Rispen angeordnet. Beide Arten sind über mittel- und südeuropäische Gebirge verbreitet, der Rispen-Eisenhut mehr in den östlichen Teilen.

Der *Gelbe Eisenhut* oder die *Wolfswurz* (Aconitum lycoctonum) blüht in gelben, gestreckten «Helm»-Blüten. Er ist recht häufig, tritt in der Ebene, der subalpinen und alpinen Zone auf und verlangt Kalkboden. Auch er hat viele Volksnamen, die – wie bei den anderen Eisenhut-Arten – auf die Form seiner Blüten, aber auch auf seine Giftigkeit hinweisen.

Von bezaubernder Schönheit sind die Blütenstände der *Türkenbund-Lilie* (Lilium martagon). Früher war der Türkenbund sehr viel häufiger als heute. Die ganz besondere Eigenart seiner hellpurpurnen Blüten liegt in den aufwärtsgeschlagenen Blütenblättern. Dadurch kommen die rotbraunen Staubgefäße zu besonderer Wirkung; schon ein feiner Luftzug kann sie in pendelnde Bewegung versetzen. Der Türkenbund wächst auch in der montanen Stufe, doch bringt er in größeren Höhen wesentlich kräftigere Blütenstände und dunklere Blüten hervor. Daheim ist er in Europa und in Sibirien.

Manchmal findet sich auch der *Hohe Rittersporn* (Delphinium elatum) in den Hochstaudenwiesen ein, oft zusammen mit dem Blauen Eisenhut, mit dem er verwandt ist. Man kann den Blüten der beiden eine gewisse Ähnlichkeit nicht absprechen, die nicht nur in der Blütenfarbe, sondern auch in der Form liegt. Indessen sind die beiden Blüten leicht auseinanderzuhalten. Das oberste Blütenblatt des Rittersporns ist nicht zu einem Helm, sondern zu einem Sporn geformt. Am Grund dieses Spornes wird Nektar abgeson-

103 Schwarze Edelraute (Artemisia genipi)
Familie: Korbblütler (Compositae)
Text: Seite 44

104 Edelweiß (Leontopodium alpinum)
Familie: Korbblütler (Compositae)
Text: Seite 68

dert, der vor allem von langrüsseligen Hummeln gesammelt wird. Auch der Hohe Rittersporn ist giftig, wie die Eisenhut-Arten.

Ein weiterer Verwandter, der sich gerne in dieselbe Pflanzengesellschaft stellt, ist der *Weiße Hahnenfuß* (Ranunculus aconitifolius). Seine einfach geformten Blüten verweisen allerdings nicht auf die Verwandtschaft mit Eisenhut und Rittersporn. Bezeichnend für ihn sind die reich verzweigten, vielblütigen Stengel. Seine großen Laubblätter sind handförmig geteilt. Man trifft ihn häufig auf nährstoffreichen Böden bis 2500 m an.

Ein lebhaftes Rosarot setzt die *Rote Waldnelke* (Melandrium diurnum) in die ganze Gesellschaft ein. Lange, von weichen Haaren besetzte Stengel tragen ihre recht großen, starkfarbenen Nelkenblüten. Gar nicht selten tritt sie in reich blühenden Beständen auf und verschönt durch ihr starkes Rosarot das Antlitz ihrer Welt, zumindest während der Zeit ihrer Blüte. Da auch sie nährstoffreiche Böden verlangt, wächst sie auch neben Ställen und Sennhütten, was diesen nur zum Vorteil gereicht. Die Rote Waldnelke ist zweihäusig, das heißt manche ihrer Pflanzen setzen nur männliche Blüten an – mit Staubblättern aber ohne Fruchtknoten –, andere nur weibliche Blüten – ohne Staubblätter, jedoch mit Fruchtknoten. Die weiblichen Blüten sind leicht an den dickeren Kelchen erkennbar. Sie kommt von der Ebene bis in Höhen von 2400 m vor und ist eine «eurosibirische» Pflanze.

Dagegen ist die *Riesen-Flockenblume* (Centaurea rhaponticum) eine nicht eben häufige Erscheinung. Ihr Aussehen rechtfertigt ihren Namen durch-

105 Alpenaster (Aster alpinus)
Familie: Korbblütler (Compositae)
Text: Seite 69

106 Einköpfiges Berufkraut (Erigeron uniflorus)
Familie: Korbblütler (Compositae)
Text: Seite 75

aus: Die kräftigen, aufrechten Stengel können eine Länge von fast 1,5 m erreichen. Die länglich-ovalen, gezähnten Blätter sind an den Unterseiten graufilzig behaart, bis ½ m lang und etwa 15 cm breit. Die rosa bis purpurroten Blütenköpfe erreichen einen Durchmesser von 11 cm, also Faustgröße! Meist wächst die Riesen-Flockenblume in kleinen Gruppen auf tiefgründigen Böden, zwischen 1400 und 2500 m Höhe. Sie ist von der Dauphiné bis Westtirol verbreitet und tritt auch in den Südalpen vereinzelt auf.

QUELLFLUREN UND NASSE WIESEN

Überall, wo Wasser unmittelbar auftritt, verändert sich das Gesicht der Erde, auch in den Bergen. Mit dem Wasser tritt uns ein Element der Munterkeit und Lebendigkeit vor Augen, und wo sich seine Nässe hält, ist die Pflanzendecke kräftig, grün und reich an Blüten, grundsätzlich verschieden von der Vegetation wasserarmer Gebiete. Immer ist Wasser ein ganz entscheidender Faktor bei der Entwicklung von Leben.
Ein besonderer Fall aber ergibt sich dort, wo das Mittelmaß überschritten wird, wo sich Wasser anstaut und seine Existenz tonangebend wird. Alle Alpenpflanzen brauchen Feuchtigkeit, die einen mehr, die anderen kommen mit einem Minimum aus, manche ertragen auch ein gelegentliches Über-

maß, ohne darunter zu leiden. Etliche jedoch haben sich spezialisiert, sie können nicht nur mit ständiger Nässe fertig werden, für sie ist ständige Nässe – oder doch große Feuchtigkeit – lebensnotwendig. Je nach dem Maße ihrer Vorliebe siedeln sie sich an wo eine Quelle austritt und mit ihrem an Mineralstoffen reichen Wasser den Boden tränkt, in Sümpfen oder an deren Rändern, an Bergseen, an Bachufern und in nassen Wiesen.

Die besondere Vorliebe drückt sich auch in ihrem Äußeren aus. Wir haben diese Beobachtung bereits – nur gewissermaßen unter andern Vorzeichen – bei den alpinen Felsenbewohnern unter den Alpenpflanzen gemacht. Sie leben in einer Welt der großen Temperaturschwankungen, der Stürme und Trockenheit, sind kleinwüchsig, besitzen kleine Blätter und kurzstielige

Blüten. Obwohl sie aus verschiedenen Pflanzenfamilien stammen, weisen sie jene Ähnlichkeiten untereinander auf, die auf ihre gemeinsame Vorliebe – das Leben im Kargen – Bezug nehmen.

Ähnlich verhält es sich mit den für feuchte Standorte prädestinierten Alpenpflanzen. Auch sie entstammen verschiedenen Familien, besitzen jedoch gemeinsame Eigentümlichkeiten, wenn auch nicht in einem solch auffallenden Ausmaß wie die Bewohner extremer alpiner Zonen. Pflanzen feuchter Standorte weisen allgemein glatte, frischgrüne, meist reich entwickelte Blätter auf, die schützende Behaarung fällt weg, soweit sie auf die Verdunstung einschränkend wirken könnte.

Die extrem nassen Stellen werden auch in der alpinen Zone von gewissen *Moosen* bewachsen, beispielsweise von Philonotis fontana und Hydrogrimmia mollis, deren Polster wie Schwämme die Nässe aufsaugen und oft erst durch ihre Gegenwart anderen Pflanzen ein Ansiedeln ermöglichen. Wir können die *Bach-Gänsekresse* (Arabis jacquini) mit weißen Blütenständen über ovalen, kahlen Blättern antreffen, und den wunderschönen *Stern-*

107 Alpen-Margerite (Chrysanthemum alpinum)
Familie: Korbblütler (Compositae)
Text: Seite 75

108 Zwerg-Schafgarbe (Achillea nana)
Familie: Korbblütler (Compositae)
Text: Seite 48

109 Arnika (Arnica montana)
Familie: Korbblütler (Compositae)
Text: Seite 76

110 Eberreis-Kreuzkraut (Senecio abrotanifolius)
Familie: Korbblütler (Compositae)
Text: Seite 80

Steinbrech (Saxifraga stellaris). Seine glänzenden, dicklichen Blätter sind vorn gezähnt und bilden sternförmige Rosetten; sie überwintern grün. In den Achseln dieser Rosettenblätter können kurze Nebensprosse entstehen, die sich bewurzeln und an den Enden weitere Rosetten anlegen. Seine Blüten gehören zu den zierlichsten Steinbrechblüten überhaupt. Die 5 schneeweißen Kronblätter sind mit je 2 großen, rötlichen Flecken geziert. Die anmutigen Blütensterne stehen in lockeren, ästigen Trugdolden beisammen. Die Blütezeit der einzelnen Sterne erstreckt sich jeweils über mehrere Tage; sie werden durch Fliegen bestäubt. – Der Sternblütige Steinbrech ist bodenvag und kommt in den Alpen recht häufig in Quellsümpfen, an nassen Bachrändern und ähnlichen Orten vor, in Höhen zwischen 1200 und 2800 m. Sein Verbreitungsgebiet reicht von mittel- und südeuropäischen Gebirgen bis in arktische Gebiete hinein. Nach neueren Untersuchungen soll es als erwiesen gelten, daß die arktische Form von der europäischen Gebirgsform abstammt.

Der *Bewimperte Steinbrech* (Saxifraga aizoides) bevorzugt Kalk und folgt

111 Alpen-Löwenzahn (Taraxacum alpinum)
Familie: Korbblütler (Compositae)
Text: Seite 58

112 Gold-Pippau (Crepis aurea)
Familie: Korbblütler (Compositae)
Text: Seite 129

in ausgedehnten, rasenartigen Beständen dem Laufe der Alpenbäche. Zur Blütezeit gleichen diese flachen, lockeren Polster gelben oder orangefarbenen Inseln. Seine Blüten sind große – bis 15 mm breite – Sterne aus goldgelben, seltener karminroten Kronblättern, die dunkel punktiert sind und reichlich Nektar absondern. Der Name dieser Steinbrech-Art rührt von den fleischigen, schmalen und an den Rändern bewimperten Blättern her, die die Stengel dicht umwachsen. Auch der Bewimperte Steinbrech ist in den Alpen recht häufig und über mittel- und südeuropäische Gebirge, sowie über Teile der Arktis verbreitet.

Das *Gewöhnliche Fettkraut* (Pinguicula vulgaris) ist von den Tälern bis in Höhen von 2500 m an nassen Orten anzutreffen. Wie auch die übrigen Fettkraut-Arten steht es im Ruf, eine fleischfressende Pflanze zu sein, ähnlich wie der berühmte Sonnentau (Drosera). In der Tat kann man beobachten, daß auf den klebrigen, an den Rändern eingerollten Blättern der grundständigen Rosetten kleine Insekten hängenbleiben. Durch Drüsenausscheidungen der Blätter wird die Oberfläche klebrig erhalten. Die Ver-

113 Krainer Kreuzkraut
(Senecio carniolicus)
Familie: Korbblütler (Compositae)
Text: Seite 49

114 Federige Flockenblume (Centaurea nervosa)
Familie: Korbblütler (Compositae)
Text: Seite 74

dauung der Insekten erfolgt jedoch – nach A. Mirimanoff – nicht durch Sekrete der Pflanze selbst, wie man bisher angenommen hat und wie dies auch beim Sonnentau der Fall ist, sondern durch Bakterien, die an der Pflanzenoberfläche leben. Doch das Verhältnis zwischen den Fettkräutern und den Insekten ist auch noch aus einem anderen Grund außergewöhnlich: Die schönen, gespornten Blüten sind Insektenfallen. Am Sporngrund wird Nektar abgesondert, der besonders Fliegen anlockt. Diese dringen in den Sporn ein und werden durch steife Haare der Blüte am Rückzug gehindert. Bei der Suche nach einem Ausgang gerät die Fliege an die Staubbeutel, wird von Blütenstaub überpudert, findet schließlich das Tor in die Freiheit und verträgt nun den aufgeladenen Pollen zur nächsten Blüte, deren Nektarduft sie nicht widerstehen kann. – Das Gewöhnliche Fettkraut besitzt veilchenviolette, im Schlund mit einem weißen Fleck versehene Blüten, die einen langen Sporn aufweisen. Das *Alpen-Fettkraut* (Pinguicula alpina) dagegen zeigt weiße, gelb gefleckte Blüten mit kürzerem Sporn. Es besiedelt nur höhere Lagen, etwa zwischen 900 und 2600 m. Wo die beiden Arten zusammentreffen, können Kreuzungen entstehen. Beide gelten als «eurosibirische» Pflanzen.

In nassen oder sumpfigen Wiesen und Flachmooren findet sich nicht selten die *Mehlprimel* (Primula farinosa) ein, eine weitere recht bekannte Pflanze mit vielen Volksnamen. Ihre länglichen Laubblätter sind an den Unterseiten dicht mehlig bestäubt, ebenso die Blütenstiele und die Kelche der Blüten. Der auffallende Belag hat dieser Primel ja auch zu ihrem Namen verholfen. Man hat herausgefunden, daß Drüsenhaare winzige Kristalle ausscheiden, die, mit Pflanzenwachs vermischt, den mehligen Belag ergeben. Indessen ist dies keine Eigenheit der Mehlprimel allein, auch andere Pflanzen weisen solche Ausscheidungen auf, wenn auch meist in weit geringerem Maße. – Das Heimatgebiet der Mehlprimel ist recht groß, es erstreckt sich über Mitteleuropa, Sibirien, Teile der Arktis und Nordamerika.

Mitunter findet man mit der Mehlprimel den *Bayrischen Enzian* (Gentiana bavarica) vergesellschaftet, obwohl die Primel kalkliebend und der Bayrische Enzian bodenvag ist. Die gemeinsame Vorliebe für feuchte Standorte führt sie zusammen. Die Blüten des Enzians sind intensiv blau, sie wirken schlank durch den langen, röhrigen Kelch, der sehr schmal geflügelt ist. Zwischen den stumpfen Kronzipfeln des Blütensternes sitzen mit je einem

115 Türkenbund (Lilium martagon)
Familie: Liliengewächse (Liliaceae)
Text: Seite 108

weißen Streifen versehene «Nebenzähnchen». Der Bayrische Enzian kommt in Höhen zwischen 1800 und 3000 m häufig vor und ist in den Alpen weit verbreitet.

Vielfach wird er mit dem *Frühlings-Enzian* (Gentiana verna) verwechselt, der gleich nach der Schneeschmelze blüht. Der röhrige, enge Kelch seiner Blüten ist kantig, vor allem das unterscheidet ihn vom Bayrischen Enzian. Die Kelchzähne sind spitz, lanzettlich, zwischen den eirunden Kronzipfeln sitzen zweispitzige, mit einem weißen Streifen versehene Nebenzähnchen. Der Frühlings-Enzian ist in mehreren Unterarten über Nord-, Mittel- und Vorderasien bis Westeuropa verbreitet, findet sich im Norden in Polen, Norddeutschland, England und Irland und bevorzugt Kalkgestein.

In Sumpfwiesen zwischen 1700 und 3000 m wächst ein einjähriges, sehr zierliches Enzian-Gewächs: der *Schnee-Enzian* (Gentiana nivalis). Wahrscheinlich ist er noch häufiger als man annimmt, denn sein zartes Pflänzchen ist auch in der Blütezeit leicht zu übersehen. Nur bei vollem Sonnenlicht sind die kleinen azurblauen Blüten geöffnet, dann allerdings sind sie auffällig leuchtend. Sobald jedoch die Sonne hinter den Wolken verschwindet und die Temperatur sinkt, schließen sich die kleinen Sterne und die Pflanze tritt ins nahezu Unsichtbare zurück. Die grundständigen Blättchen bilden eine Rosette. Ihr entwachsen mehrere, von kleinen Blättchen besetzte Stengel und jedes Stielchen trägt eine der kleinen, leuchtend-blauen, aber so sehr temperaturempfindlichen Sterne. Verbreitet ist dieser zarte Enzian von den Pyrenäen über den Jura und die Alpen bis zu den Karpaten, über den Apennin, die Balkanhalbinsel bis Kleinasien sowie über arktische Gebiete Europas und Nordamerikas.

Ebenfalls einjährig und zart ist der *Aufgeblasene* oder der *Schlauch-Enzian* (Gentiana utriculosa). Er ist etwas größer als der Schnee-Enzian und unterscheidet sich deutlich von ihm durch den bauchig aufgeblasenen Kelch seiner Blüten, die ebenfalls intensiv blau sind. Der Schlauch-Enzian ist allgemein nicht häufig und besiedelt auch die tieferen Lagen der montanen und subalpinen Stufe.

116 Astlose Graslilie (Anthericum liliago)
Familie: Liliengewächse (Liliaceae)
Text: Seite 128

117 Feuerlilie (Lilium bulbiferum)
Familie: Liliengewächse (Liliaceae)
Text: Seite 92

Zwei Veilchen-Arten stellen sich auch auf feuchten Wiesen ein: das Sumpf-Veilchen und das Zweiblütige Veilchen. Das *Sumpf-Veilchen* (Viola palustris) ist kalkfliehend, besitzt rundliche, kahle Laubblätter, deren Ränder ein wenig aufgerollt sind und zart violette Blüten mit grundständigen Blattstielen. Es ist in Europa und Nordamerika heimisch.

Das *Zweiblütige Veilchen* (Viola biflora) blüht gelb. Es ist ein zierliches, in der alpinen und subalpinen Zone weit verbreitetes Pflänzchen. Seine Blätter sind hellgrün, rundlich mit gekerbtem Rand. Die hübschen goldgelben Blüten sind langgestielt, das nach unten weisende Blütenblatt ist braun gestrichelt. Der Sporn ist gerade und stumpf. Es besitzt eine Menge Volksnamen, die sich meist auf seine gelbe Blütenfarbe beziehen. Es ist eine arktisch-alpine Art, die allerdings auch auf Korsika zu finden ist.

Recht häufig, von der Ebene bis in die alpine Stufe hinauf verbreitet, ist das *Studentenröschen* oder Herzblatt (Parnassia palustris). Seine Grundblätter sind lebhaft grün, oval-herzförmig. Schlanke, bis 30 cm hohe Stengel tragen je eine der schönen Blüten, deren Weiß zart geädert ist. Das Blüteninnere ist recht ungewöhnlich gestaltet: Zwischen den 5 Staubgefäßen stehen 5 zierliche, gefranste Gebilde – umgewandelte Staubblätter –, die glänzende Nektartröpfchen zu tragen scheinen. Wo das Studentenröschen vorkommt, erscheint es gern in Gruppen. Es ist eine eurosibirisch-nordamerikanische Pflanze.

Ebenfalls in feuchten Wiesen, gelegentlich aber auch in lichten Wäldern, ist die *Große Sterndolde* (Astrantia major) daheim, und zwar zwischen 700 und 1800 m. Ihre Laubblätter sind handförmig geteilt. Ihre kleinen, weißen Blütendolden sind von auffälligen Hüllblättern sternförmig umgeben. Sie hat einen europäisch-westasiatischen Verbreitungsraum.

Die *Bartschie* oder der Braunhelm (Bartsia alpina) ist in den feuchten Wiesen der alpinen und subalpinen Stufe recht häufig, nur wird sie wahrscheinlich wegen ihrer dunkelvioletten, wenig ins Auge fallenden Blütenfarbe leicht übersehen. Ihre Blätter sind eiförmig, mit kerbsägigen Blättern, kurz be-

haart, die oberen meist violett überlaufen. Die Blüten bestehen aus einem röhrig-glockigen Kelch, der sich vorn zur helmartigen Blütenkrone erweitert. Auch die Bartschie gehört zu jenen «Halbschmarotzern» – wie Augentrost, Wachtelweizen und andere –, die durch Saugwurzeln ihre «Wirtspflanzen» anzapfen und ihnen gewisse Stoffe abnehmen. – Die Bartschie ist in europäischen Gebirgen und im Norden heimisch.

Häufig sieht man in den nassen Wiesen bis über 2000 m hinauf die auffälligen, purpurroten Blütenstände des *Breitblättrigen Knabenkrautes* (Orchis latifolia). Die kräftigen, dunkelgrünen, meist rotbraun gefleckten Laubblätter entlassen einen dicken, leicht violett überspielten Stengel, der eine meist dichte Blütenähre trägt. Die Farbe der einzelnen Orchideenblüten ist

118 Weißer Germer (Veratrum album)
Familie: Liliengewächse (Liliaceae)
Text: Seite 125

119 Weißer Germer (Veratrum album)
Ausschnitt einer Blütenähre.

rosarot bis purpurrot, hell und dunkel gezeichnet. Sie bestehen aus den 3 oberen, abstehenden «Sepalen», den beiden, sich zu einem Helmchen zusammenneigenden «Petalen» und der typischen breiten, dreigelappten «Lippe». Die Blüten besitzen einen abwärtsgeneigten Sporn. In großen Höhenlagen bildet das Breitblättrige Knabenkraut oft eine gedrungener wirkende Form aus: der Stengel ist kürzer, die Laubblätter breiten sich stärker aus und die Blüten sind oft intensiver gefärbt. Ihr Verbreitungsgebiet erstreckt sich über Europa, ausgenommen das nördliche Skandinavien, den Mittelmeerraum und über Rußland bis Mittelsibirien.

BLÜHENDE BERGWIESEN

Auf die Schönheit unserer Bergwiesen braucht gewiß keiner besonders hinzuweisen, sie läßt sich nicht übersehen. Schon im frühen Frühling, gleich nach der Schneeschmelze, beginnen sie uns zu bezaubern. Gestern war der durch und durch nasse Boden fahlbraun, bedeckt von plattgedrückten Pflanzenresten vorjähriger Pracht und von langsam abschmelzenden, unzusammenhängenden Schneeflächen – heute ist er an allen aperen Stellen besteckt mit Krokusblüten! Nicht zu beschreiben ist diese Lieblichkeit des ersten Wiesenfrühlings! Zerbrechlich zart sieht der *Frühlings-Krokus* (Crocus albiflorus) mit den weißen, violetten oder gestreiften Blütenbechern aus, die mit gelben Staubbeuteln und der orangefarbenen Narbe gefüllt sind. Die grasartig schmalen Laubblätter sind erst andeutungsweise da, nur ein häutiges Hochblatt umhüllt die Blüte unten, als wolle es sie wenigstens ein wenig schützen. – Doch der Frühlings-Krokus blüht keineswegs in allen Wiesen. Wohl ist er geografisch weit verbreitet: von den Pyrenäen bis zu den Karpaten, im Süden sowohl im Apennin wie auch auf der Balkanhalbinsel. Auch Höhenunterschiede sind keine unüberschreitbaren Grenzen für ihn, er steigt von etwa 2700 m bis in die Ebene hinab. Doch braucht er nähr- und stickstoffreichen Boden.

Damit sind wir mitten in der Problematik der Bergwiesen. Wenn sie in Hochblüte stehen, sehen wir am besten, wie verschiedenartig ihre Bewachsung ist. In der einen Matte herrscht ein Rosarot vor, in der anderen dicht daneben gibt Gelb den Ton an; was in der einen häufig blüht, tritt vielleicht in der Nachbarwiese nur ganz selten auf. Es gibt heute kaum Wiesen, die natürliche, das heißt vom Menschen unveränderte Lebensräume darstellen. Überhaupt gäbe es nur wenige Bergwiesen, hätte nicht der Mensch die Hand im Spiel und wahrscheinlich würden sie um etliches anders aussehen als selbst jene, die noch relativ ungestört geblieben sind. Meist machen wir uns gar keine rechte Vorstellung, in welchem Ausmaß der Mensch in das Gefüge der Natur eingegriffen hat und immer noch eingreift; und meist stört er, statt zu fördern und zu hegen. – An jeder blühenden Wiese der subalpinen Zone können wir ablesen, ob und wie sie gedüngt wird, ob und wie sie beweidet wird, ob sie regelmäßig, häufig oder selten gemäht wird und anderes mehr.

Die subalpinen Trockenwiesen sind Treffpunkte verschiedener Pflanzen aus tieferen Lagen, so steigt zum Beispiel am Südfuß der Alpen die eigenartige *Ährige Glockenblume* (Campanula spicata) bis zu 2000 m hinauf. Im Herbst tritt der *Gefranste Enzian* (Gentiana ciliata) in Erscheinung, dessen nächste Verwandte fast alle in Nordamerika daheim sind. Seine engröhrigen Blüten sind blau, die vier Zipfel seiner Blütenkrone sind zierlich zerschlissen. Er kommt von den Tälern bis in die Bergwiesen in 2000 m Höhe hinein vor und braucht Kalkboden. Andere Pflanzen steigen zu diesen Trockenwiesen herunter, wie beispielsweise die *Berg-Esparsette* (Onobrychis montana), die an steinigen Hängen, auf Schutthalden ebenso zu finden ist, wie im geschlossenen Rasen. Sie gleicht der Esparsette der Ebene, weist jedoch einen mehr niederen Wuchs auf, vor allem aber fällt ihre viel intensivere Blütenfarbe auf.

120 Alpen-Gelbstern (Gagea fistulosa)
Familie: Liliengewächse (Liliaceae)
Text: Seite 62

121 Faltenlilie (Lloydia serotina)
Familie: Liliengewächse (Liliaceae)
Text: Seite 42

Subalpine Wiesen, die weder gedüngt, noch regelmäßig gemäht werden, weisen einen großen Reichtum und eine große Vielfalt an Pflanzen auf. Viele wandern aus den Alpenmatten ein und verbreiten sich hier. Wir treffen den prächtigen, großen *Gelben Enzian* (Gentiana lutea). Sein bis 1½ m hoher Stengel ist hohl und gegenständig beblättert. Die großen Blätter sind etagenweise angeordnet, ihren Achseln und dem Stengelende entwachsen seine tief geteilten, goldgelben Blüten. Ein einziger Stengel kann bis zu 100 Blüten tragen! Die ganze Pflanze enthält Bitterstoffe und wird deshalb vom Vieh gemieden. Aus seinem armdicken, bis 1 m langen Wurzelstock wird der sogenannte «Enzianbitter» destilliert. Daheim ist der Gelbe Enzian zwischen 1000 und 2300 m Höhe, er steigt aber auch gelegentlich bis fast 300 m hinab.

Häufig wird er mit dem *Weißen Germer* (Veratrum album) verwechselt, mit dem er aber kaum mehr als die große Gestalt und die großen Laubblätter gemeinsam hat. Die Blätter des Germers sind jedoch an den Unterseiten behaart, sie sind wechselständig angeordnet, weisen auch nicht jene

122 Zweiblättriges Breitkölbchen (Platanthera bifolia)
Familie: Orchideen (Orchidaceae)
Text: Seite 133

«Etagen» auf, während der Gelbe Enzian gegenständige, kahle Blätter besitzt. Zur Blütezeit sind die beiden Pflanzen kaum zu verwechseln, denn schon die Farbe ihrer Blüten ist verschieden. Der Gelbe Enzian blüht gelb, der Weiße Germer setzt grünlich-weiße Blüten an, deren Sterne etwa 1 cm im Durchmesser betragen. Der Germer ist giftig und wird auch vom Vieh gemieden. Er findet sich in feuchten, nährstoffreichen Wiesen zwischen 800 und 2200 m ein, ist in europäischen Gebirgen beheimatet und in mehreren Rassen auch über Nord- und Mittelasien verbreitet.

Wir treffen in diesen Alpenmatten auch häufig die *Nacktstengelige Kugelblume* (Globularia nudicaulis) und verschiedene Läusekräuter, wie das Gestutzte und das Blattreiche Läusekraut. Das *Gestutzte Läusekraut* (Pedicularis recutita) hat dunkel-braunrote Blüten, deren Oberlippen «gestutzt» sind, daher der Name. Die Pflanze wird bis etwa 40 cm hoch und bevorzugt etwas feuchte Wiesenteile. Das *Blattreiche Läusekraut* (Pedicularis foliosa) heißt nach seiner Blütenfarbe auch das Gelbe Läusekraut. Die Blütenähre ist sehr dicht, auch die gefiederten, spitzen Laubblätter stehen dicht und durchsetzen noch deutlich die schwefelgelbe Blütenähre. Beide Arten besiedeln Höhen zwischen 1500 und 2500 m. Das Blattreiche Läusekraut ist in Mittel- und Südeuropa heimisch, das Gestutzte Läusekraut in ostalpinen Gebieten.

Unter den Bekannten aus tieferen Lagen befindet sich das *Echte Stiefmütterchen* (Viola tricolor), das bis in Höhen von 2100 m vorkommt. Daß es eine eurasiatische Pflanze ist, dürfte weniger bekannt sein.

Der *Pyramiden-Günsel* (Ajuga pyramidalis) steigt ebenfalls hinauf in die mageren Wiesen bis 2400 m, allerdings kommt er nicht in der Ebene vor. An seinem pyramidenartigen Wuchs ist er unschwer zu erkennen. Es lohnt, seine kleinen, hellblauen, sehr schönen Blütchen einmal durch eine Lupe anzusehen. – Er ist weit über Europa und Westasien verbreitet.

Stellenweise kann hier der *Echte Augentrost* (Euphrasia rostkoviana) tonangebend werden, so klein er auch ist. Seine zierlichen Blüten sind 1½ cm lang, weiß bis hellviolett, dunkel geädert und mit einem gelben Schlundfleck versehen und lohnen ebenfalls einen Blick durch die Lupe. – Zu ge-

wissen Zeiten hat es den Anschein, als würde manche Bergwiese dem *Klappertopf* (Rhianthus) gehören, so zahlreich tritt er auf. Auch er ist ein Halbschmarotzer wie der Augentrost. Sein Name rührt von seinen dürren Kapseln her, in denen die Samen klappern, wenn der Wind sie bewegt. Man unterscheidet etliche Arten, von denen der *Behaarte Klappertopf* (Rhinanthus alectorolophus) in den subalpinen Wiesen am häufigsten ist; sein Kelch ist dicht behaart. Der *Voralpen-Klappertopf* (Rhinanthus subalpinus) besitzt kahle Kelche und kommt weniger häufig vor. Insgesamt kennt man in der subalpinen und alpinen Zone 6 Arten, die zum Teil schwer unterscheidbar sind. In nur wenig gedüngten Wiesen ist eine wunderschöne Alpenblume daheim: die *Paradies-* oder *Trichterlilie* (Paradisia liliastrum). Ihre zarte Erscheinung mit den großen, reinweißen Blüten ist von großer Lieblichkeit. Die Paradies-Lilie braucht tiefgründigen Boden und kommt auch manchmal in Hochstaudenfluren vor. Sie findet sich bis in Höhen von 2400 m ein, steigt jedoch nur selten unter 1300 m hinab. Sie ist von den Gebirgen Portugals über die Pyrenäen, das französische Zentralmassiv, den Jura und die Südalpen bis nach Krain heimisch. Ihr ähnelt die schöne *Astlose Graslilie* (Anthericum liliago), die trockene Böden vorzieht und von der collinen bis hinauf in die subalpine Stufe anzutreffen ist. Sie blüht vom späten Frühling bis in den Sommer hinein.

Oft findet man in ihrer Gesellschaft den schönen *Braunklee* (Trifolium badium). Die gelben Blüten seiner Köpfchen werden im Verblühen braun und fallen nicht ab, so daß ein solcher Kleeschopf im Stadium der «mittleren Blüte» ein außergewöhnliches Bild zeigt: Oben sitzen die jungen, goldgelben Blütchen, die unten wie mit einer dicken Krause von den älteren, braunen abgeblühten umgeben sind. – Der Braunklee ist eine sehr beliebte Futterpflanze. Er ist kalkliebend, bei uns in der subalpinen Zone beheimatet und gilt als europäisch-westasiatische Pflanze.

Der *Hornklee* (Lotus corniculatus) ist im Alpengebiet sehr verbreitet. Er ist in den Bergwiesen ebenso daheim wie in der Ebene; mit seinen langen Pfahlwurzeln kann er sich auch in Schutt- und Geröllhalden mit Erfolg ansiedeln. Er stellt keine großen Ansprüche an den Boden und überwindet auch alle Höhenschranken: sogar noch in 3100 m Höhe behauptet er sich! In mehreren Unterarten findet er sich in Europa, Asien, Nordafrika, Indien und Australien ein; dagegen tritt er im Westen nicht auf.

Sehr weit verbreitet ist ferner das *Vergißmeinnicht* (Myosotis). In höheren Lagen stellt sich das *Alpen-Vergißmeinnicht* (Myosotis alpestris) ein, das manchmal mit seinen kleinen, himmelblauen Blüten ganze Hänge der subalpinen und der alpinen Zone überblüht! Durch Zwischenformen ist es mit dem Wald-Vergißmeinnicht (Myosotis silvatica) verbunden.

123 Holunder-Knabenkraut (Orchis sambucina)
gelbblütige Pflanzen
Familie: Orchideen (Orchidaceae)
Text: Seite 133

124 Holunder-Knabenkraut (Orchis sambucina)
rotblühende Pflanzen

Stärker gedüngte Wiesenböden ziehen wieder andere Pflanzen an. Die gelben Köpfe des *Löwenzahns* (Leontodon hispidus) setzen sich hier immer häufiger ins Bild. Er ist eine rechte Allerweltspflanze, die von der Ebene bis 2800 m vorkommt, in den verschiedensten Pflanzengesellschaften auftaucht und eine ganze Reihe von Rassen ausbildet.

Leuchtend orangerot blüht der *Gold-Pippau* (Crepis aurea) in diesen Wiesen. Mit seinen auffallenden Blütenköpfchen, die von schwarzgrünen, kurzzottigen Blütenhüllen umgeben sind, ist er unverwechselbar. Seine buchtig gezähnten grundständigen Blätter stehen in einer Rosette beisammen, und jeder oben zottig behaarte Stengel trägt nur ein Blütenköpfchen. Er gedeiht in Lagen zwischen 1200 und 2700 m.

Manchmal mischt sich zwischen das Löwenzahn-Gelb und Pippau-Orangerot das Violettblau der *Rautenblättrigen Glockenblume* (Campanula rhomboidalis). Sie tritt jedoch nur in den Westalpen auf, dort aber mitunter in so großen Mengen, daß ihre schönen offenen Glocken die Farbe der Wiese bestimmen können. Ihre gezähnten, rautenförmigen Laubblätter

geben ihr den Namen; sie begleiten den Stengel ein Stück hinauf. Die blauvioletten zarten Glocken stehen in lockeren Rispen beisammen. Wir treffen sie lediglich in subalpinen Gebieten.

Oft steigt der *Wald-Storchenschnabel* (Geranium silvaticum) aus der Waldzone in die subalpinen Wiesen hinauf. Er fällt durch seine schönen, großen, rotvioletten Blüten auf. Der Storchenschnabel ist in einer Reihe von Arten bei uns weit verbreitet. Der Name bezieht sich allgemein auf die langschnäbeligen Früchte dieser Pflanzenfamilie.

Auf Magerweiden blüht im Spätsommer der violette *Feld-Enzian* (Gentiana campestris) mitunter so üppig, daß er Teile der dürftigen Weide in violette Blumenbeete verwandelt. Er wächst mit Vorliebe auf Kalk und kann selbst in Höhen über 2500 m noch anzutreffen sein. Seine Stengel sind oft stark verzweigt und tragen zahlreiche Blüten, die an den Innenseiten bärtige Fransen aufweisen. Charakteristisch für ihn sind seine vierzähligen Blütenkronen. Dadurch unterscheidet er sich auch vom weniger häufigen *Deutschen Enzian* (Gentiana germanica), dessen ähnliche Blüten fünfzipfelig sind. Beide Arten sind in Mitteleuropa heimisch.

Zu den beiden Enzianen gesellt sich manchmal auch das *Zweihäusige Katzenpfötchen* (Antennaria dioeca) mit seinen kleinen weißen und rosa Blüten. Es ist ein behaartes Pflänzchen, das selbst kargen Boden in ganzen Kolonien überwächst. Größere Höhen werden vom Karpaten-Katzenpfötchen besiedelt. Der Name bezieht sich auf die dichten Blütchen; die männlichen sind von weißen, die weiblichen von rosaroten Hüllblättern umgeben.

An Wald- und Wegrändern, steinigen Hängen, in Lärchenwäldern, im Zwergwacholdergebüsch und an Wiesenrändern haben sich nicht selten auch wilde Heckenrosen angesiedelt. In der subalpinen Zone sind mehrere, zum Teil schwer zu unterscheidende Wildrosen-Arten heimisch. Die *Hechtrose* (Rosa rubrifolia) erkennt man gut an den rötlichen, bläulich bereiften Zweigen. Ihre großen Blüten sind sanft rosa. Eine andere Art, die *Alpen-Hagrose* (Rosa pendulina), blüht dagegen meist dunkelrosa. Ihre blühenden Sträucher, die man selbst noch in Höhen von 2500 m antreffen kann, sind durch den Kontrast der dunkelrosa Blüten mit den goldgelben Staubgefäßen von ganz besonderer Schönheit. Darüber hinaus zeichnet sie sich noch durch eine Besonderheit aus: Sie ist eine Rose ohne Dorn, zumindest was die Blütenzweige betrifft, denn die unteren Teile der Stämmchen sind meist auch bei ihr bestachelt.

Wer die Bergwelt Graubündens durchwandert, wird unweigerlich auch auf Gruppen der *Himmelsleiter* (Polemonium coeruleum) treffen. Die

125 Männertreu (Nigritella nigra)
Familie: Orchideen (Orchidaceae)
Text: Seite 76

126 Weiße Händelwurz (Gymnadenia albida)
Familie: Orchideen (Orchidaceae)
Text: Seite 132

127 Zwerg Knabenkraut (Chamorchis alpina)
Familie: Orchideen (Orchidaceae)
Text: Seite 66

128 Grüne Hohlzunge (Coeloglossum viride)
Familie: Orchideen (Orchidaceae)
Text: Seite 67

hochwüchsigen, oft dicht beisammen stehenden Pflanzen besitzen gefiederte Blätter, und die langen Stengel sind besetzt von Rispen starkblauer Blütenräder. Die Pflanze heißt auch Sperrkraut, aber zum Glück hat sich allgemein die Bezeichnung Himmelsleiter mehr durchgesetzt; sie wird ihrer Erscheinung wesentlich gerechter. Verbreitet ist die Himmelsleiter bei uns zwischen 800 und 2000 m Höhe. Ferner tritt sie, außerhalb Europas, in Sibirien und Nordamerika auf.

Zuletzt sei noch der Orchideen unserer Bergwiesen gedacht. Die meisten bleiben wohl unerkannt. Das *Schwarze Männertreu* (Nigritella nigra) wird meistens nicht als Orchidee angesprochen, ebenso die ziemlich seltene Kugel-Orchis (Orchis globosa) mit ihren Bällchen aus rosa Blüten. Das *Schwarzköpfige Knabenkraut* (Orchis ustulata), das seine kleinen rosa, dunkel gesprenkelten Blütchen in einer dichten Ähre um den spannenlangen Stengel sammelt, wird meist übersehen, obwohl es in Wiesen und an grasigen Hängen häufig blüht. Die kleine *Weiße Händelwurz* (Gymnadenia albida), daheim in Höhen bis über 2000 m, enthüllt die Schönheit ihrer grünweißen Blüten, die man zunächst für Glöckchen halten könnte, auch nur dem, der sich zu ihr niederbeugt. Am ehesten wird das *Manns-Knabenkraut* (Orchis mascula) erkannt, das uns vielleicht aus den Wiesen tieferer Lagen schon bekannt ist, und das *Gefleckte Knabenkraut* (Orchis maculata) mit den gefleckten Laubblättern und den Orchideenblüten, die in Ähren um schlanke Stengel sitzen. Das *Holunder-Knabenkraut* (Orchis sambucina) ist deutlich an den kräftigen Blättern und an seinem ährigen Blütenstand als Knabenkraut zu erkennen. Doch es tritt nicht häufig – in höheren Lagen und auf Urgestein – auf. Es blüht gelb oder purpurrot. Häufiger trifft man die *Mücken-Händelwurz* (Gymnadenia conopea) in mageren Wiesen bis 2300 m an. Sie bildet aus kleinen, rotvioletten Blüten lange, schlanke Ähren. Ihr recht ähnlich ist die seltenere *Wohlriechende Händelwurz* (Gymnadenia odoratissima), die ein zierlicheres Bild als die Mücken-Händelwurz bietet und stark duftet. Die beiden Breitkölbchen-Arten sind weißblühend. Das *Grünliche Breitkölbchen* (Platanthera chloranta) wird vielfach auch Berg-Kuckucksorchis genannt. Die weißen Blüten tragen einen langen Sporn und sind duftlos. Die nahe verwandte Art, das *Zweiblättrige Breitkölbchen* (Platanthera bifolia), ist ihr recht ähnlich, unterscheidet sich jedoch durch den zierlichen Wuchs seiner weißen Blüten, die einen starken, würzigen Duft verbreiten. Deswegen wird sie mancherorts auch Waldhyazinthe genannt. Gemeinsam ist allen unseren heimischen Orchideen, mit geringen Ausnahmen, die Vorliebe für Kalkboden.

BLUMENFOTOGRAFIE

Für jeden, der sich der Blumenfotografie zuwendet, ist diese Beschäftigung eine Quelle vieler Freuden, jedoch auch das Fotografieren von Blumen kann nur dann zu befriedigenden Ergebnissen führen, wenn man mit den nötigen Voraussetzungen herangeht. Darunter verstehe ich nicht nur eine entsprechende Kamera. Auch mit einem einfachen Apparat lassen sich gute und brauchbare Blumenbilder anfertigen, man muß nur die Grenzen eines solchen Apparates in Betracht ziehen.

Eine der wichtigsten Voraussetzungen ist Geduld, doch besitzt sie, wer sich mit warmem Interesse zuwendet. Allen Aufnahmen, auch Blumenbildern, sieht man es an, wenn sie im «Vorübergehen» gemacht worden sind. Neben Geduld sollte man über einen «guten Blick» verfügen, über jenes Empfinden, das uns sagt: so «sitzt» die Blüte am besten im Bild. Selbst eine wissenschaftlich interessante Aufnahme sollte auch ästhetisch zufriedenstellen können. Blüten gehören zum Schönsten, was die Natur hervorbringt,

129 Breitblättriges Knabenkraut (Orchis latifolia)
Familie: Orchideen (Orchidaceae)
Text: Seite 122

darin dürfen wir für uns auch eine gewisse Verpflichtung erblicken, dieser Schönheit nach bestem Können gerecht zu werden. Jeder, der sich der Blumenfotografie aus Freude zuwendet, hat diesen notwendigen «guten Blick» auch in sich angelegt. Vielleicht wird er sich anfangs nur ein wenig bemühen müssen, ihn noch etwas mehr zu entwickeln.

Natürlich spricht, wie bei jeder speziellen Fotografie, auch die Kamera ein wichtiges Wort mit. Je komplizierter die Apparatur ist, desto wichtiger ist, daß man alle nötigen Handgriffe «auswendig» weiß. Eine möglichst universelle und zugleich handliche Kamera ist auch für den Blumenfotografen das ideale Handwerkszeug, in besonderem Maße dann, wenn er seine Bilder auch erwandern muß, wie dies beim Fotografieren von Alpenblumen unerläßlich ist. Schon vor Jahren habe ich mich für eine Spiegelreflexkamera entschieden, denn sie läßt die Objekte direkt durch das Objektiv betrachten. Besonders im Nahbereich bewährt sich eine solche Kamera. Einzelne Spiegelreflexkameras erlauben es auch, schon mit dem Normalobjektiv von 50 mm Brennweite sowohl Standortaufnahmen als auch kleinere Blütenähren und, unter Verwendung einer Vorsatzlinse, sogar noch Ausschnitte solcher Blütenähren zu machen. Mit einer solchen Ausrüstung läßt es sich noch unbeschwert wandern, und sie ist auch rasch einsatzbereit, was beim wechselhaften Bergwetter ein großer Vorteil ist. Doch der beste Fotoapparat nützt unter Umständen nicht viel, wenn wir ein handliches Stativ und einen leichten Elektronenblitz vergessen. Namentlich in den Bergen ist der Wind oft tagelang allgegenwärtig. Stativ und Elektronenblitz ersparen uns beim Fotografieren von Alpenblumen nicht nur oft sehr viel Zeit, sie ersparen uns auch Ärger, und es ist gewiß gut, wenn wir gerade ihn vermeiden können.

Jeder, der sich selbst mit Blumenfotografie befaßt, wird sicher auch diese Erfahrung mit mir teilen: Wer unsere Alpenblumen fotografiert, besitzt viel mehr von ihnen als jene, die sie pflücken. Ihre Bilder werden nie welken. Und die Erlebnisse, die uns mit ihnen verbinden, gehören mit zu unserem sichersten Besitz.

Alphabetisches Verzeichnis der deutschen und lateinischen Namen aller in Text und Bild erwähnten Pflanzen

QUELLENANGABE

Claude Favarger, «Alpenflora», Kümmerly und Frey, Geographischer Verlag, Bern
Hegi, «Illustrierte Flora von Mitteleuropa», 2. Auflage, Carl Hanser Verlag, München
Elias Landolt, «Unsere Alpenflora», Vlg. Schweizer Alpen-Club (1961)